EX—LIBRIS

杨佴旻 《七色太行》 2012

大自然博物馆 百科珍藏图鉴系列

昆 虫

大自然博物馆编委会　组织编写

化学工业出版社

·北京·

图书在版编目（CIP）数据

昆虫/大自然博物馆编委会组织编写．—北京：化学
工业出版社，2019.1（2024.6重印）
（大自然博物馆．百科珍藏图鉴系列）
ISBN 978-7-122-33294-3

Ⅰ．①昆…　Ⅱ．①大…　Ⅲ．①昆虫-图集　Ⅳ．
①Q96-64

中国版本图书馆 CIP 数据核字（2018）第 258364 号

责任编辑：邵桂林　　　　　　　　　　　　　　责任校对：宋　玮
装帧设计：任月园　时荣麟

出版发行：化学工业出版社（北京市东城区青年湖南街13号　邮政编码100011）
印　　装：涿州市般润文化传播有限公司
850mm×1168mm　1/32　印张9　字数210千字　2024年6月北京第1版第5次印刷

购书咨询：010-64518888　　售后服务：010-64518899
网　　址：http://www.cip.com.cn
凡购买本书，如有缺损质量问题，本社销售中心负责调换。

定　　价：59.90元　　　　　　　　　　　　　　版权所有　违者必究

大 自 然 博 物 馆 百科珍藏图鉴系列

编写委员会

总序

人·自然·和谐

中国幅员辽阔、地大物博，正所谓"鹰击长空，鱼翔浅底，万类霜天竞自由"。在九百六十万平方公里的土地上，有多少植物、动物、矿物、山川、河流……我们视而不知其名，睹而不解其美。

翻检图书馆藏书，很少能找到一本百科书籍，抛却学术化的枯燥讲解，以其观赏性、知识性和趣味性来调动普通大众的阅读胃口。

"大自然博物馆·百科珍藏图鉴"丛书正是为大众所写，我们的宗旨是：

· 以生动、有趣、实用的方式普及自然科学知识；

· 以精美的图片触动读者；

· 以值得收藏的形式来装帧图书，全彩、铜版纸印刷。

我们相信，本套丛书将成为家庭书架上的自然博物馆，让读者足不出户就神游四海，与花花草草、昆虫动物近距离接触，在都市生活中撕开一片自然天地，看到一抹绿色吸到一缕清新空气。

本套丛书是开放式的，将分辑推出。

第一辑介绍观赏花卉、香草与香料、中草药、树、野菜、野花等植物及蘑菇等菌类。

第二辑介绍鸟、蝴蝶、昆虫、观赏鱼、名犬、名猫、海洋动物、哺乳动物、两栖与爬行动物和恐龙及史前生命等。

随后，我们将根据实际情况推出后续书籍。

在阅读中，我们期望您发现大自然对人类的慷慨馈赠，激发对自然的由衷热爱，自觉地保护它，合理地开发利用它，从而实现人类和自然的和谐相处，促进可持续发展。

前言

　　1996年，克劳德·纽利迪萨尼和玛丽·佩莱诺联合执导的纪录片《微观世界》上映，随后荣获第22届法国恺撒奖。

　　该片利用特殊的微观摄影机，向人们展示了森林里、草丛下放大了无数倍的昆虫世界。

　　镜头下，茂草变成了森林，石头变得像高山，水滴形同汪洋大海，仿佛在地球上隐藏着一个个星球般巨大的世界。

　　昆虫也逐一"粉墨登场"：蜜蜂采蜜、蚂蚁搬家、甲虫大战、蝴蝶钻出蛹壳、蜘蛛吐丝缠裹猎物、蜗牛互相拥抱、孑孓变蚊子飞出水面……一切是那么充满生机、细致生动。

　　一沙一世界，一花一天堂。到大自然里去，用眼睛去观察，用心去聆听，你会发现在不起眼的角落居然是昆虫们"安居乐业"的家园。你会发现它们中有很多"奇迹缔造者"，譬如蝉，在黑暗的土壤下度过漫长的四年，然后出土、脱壳，在林间生活短短数十天；再如螳螂，雌性在交配中会"谋杀亲夫"；又如蟋蟀，不光会唱歌，还是挖掘专家和建筑大师——它不利用现成的洞穴，它舒服的住宅是自己一点一点挖掘的，从大厅一直到卧室……

　　法布尔被誉为"昆虫界的荷马"，他在《昆虫记》中用朴实、清新的笔调，栩栩如生地记录了昆虫世界中各种各样小生命的食性、喜好、生存技巧、天敌、蜕变、繁殖，描绘出它们为生存而斗争时表现出的灵性，将昆虫的多彩生活与自己的人生感悟融为一体，用人性去看待昆虫，字里行间都透露出作者对生命的尊重与热爱。

人类与昆虫都是自然界的子民，对昆虫的研究利于我们维护地球生态平衡。著名的"蝴蝶效应"认为，一只在南美洲亚马孙河边热带雨林中的蝴蝶偶尔扇几下翅膀，就有可能在两周后引起美国得克萨斯州的一场龙卷风。原因在于：蝴蝶翅膀的运动，导致其身边的空气系统发生变化，并引起微弱气流的产生，而微弱气流又会引起四周空气或其他系统产生相应变化，由此引起连锁反应，最终导致其他系统的极大变化。从某种意义上说，生活在同一个地球上，人类与昆虫的命运也是一体的。昆虫学家们对昆虫进行观察、收集、饲养和试验，所进行的研究涵盖了整个生物学规律的范畴，包括进化、生态学、行为学、形态学、生理学、生物化学和遗传学等方面。

　　本书收录了各类昆虫总计203种，图片近600幅，精美绝伦，分别介绍了每种昆虫的名称、形态、习性、分布等相关知识，文字生动有趣、信息丰富，是不可多得的自然科普读物。适于科普爱好者、户外运动爱好者和园艺工作者阅读鉴藏。

本书详细讲述了203种昆虫纲、蛛形纲、甲壳纲、多足纲和腹足纲动物的形态、习性等。阅读前了解如下指南，有助于获得更多实用信息。

名称
提供中文名称

基本信息
提供观察季节、观赏环境等信息

总体简介
用生动方式简介动物，给读者直观了解

动物形态
指导你认识和鉴别昆虫纲、蛛形纲、甲壳纲、多足纲和腹足纲动物

习性
介绍昆虫纲、蛛形纲、甲壳纲、多足纲和腹足纲动物的活动、食物、栖境以及常用繁殖方式

图片注释
提供动物的局部图，方便你仔细观察其头、躯、足等，认识其具体生长特点，以便于增强认知，准确鉴别

篇章指示　　**科属**　　**学名**　　**英文名**

PART 1 昆虫纲

兰花螳螂　▶　螳螂科，花螳螂属　｜　*Hymenopus coronatus* Olivier　｜

兰花螳螂

观察季节：春、夏、秋季
观察环境：热带雨林、兰花丛中

兰花螳螂长得像朵粉红淡雅的兰花，算是螳螂目中最漂亮抢眼的一种，常生活在不同种类的兰花上，有着最完美的伪装，并随着花色深浅调整身体的颜色。

形态　兰花螳螂头部较大，呈倒三角形；前方一对细长的触角。眼较大，为浅蓝绿色。前胸细长。前足较为粗壮，为捕食足。股节腹面有沟，沟两侧有刺列，胫节下部可嵌入沟内。翅膀颜色同所在兰花的颜色相同。

习性　**活动**：昼行性，常在白天活动。**食物**：从出生就具有掠食本能，捕食苍蝇、蜘蛛、蜜蜂、蝴蝶、飞蛾等活的昆虫。**栖境**：马来西亚热带雨林和印度尼西亚等较为湿润的环境中。**繁殖**：夏季末交配，雌螳螂1~14天产卵；卵块常固定在树枝上，每块含有30~50粒，一季可产5~7个卵块，以卵越冬，次年春天孵化为幼虫，有时较大幼虫会把小幼虫吃掉；幼虫期通常3个月，蜕皮6~7次长为成虫，交配产卵后2~3周内死亡，总体寿命为6~8个月。

步肢演化出类似颜色，可以在兰会被猎物察觉天敌

主要在兰花上等待猎物上门，捕食对象多半是围绕花朵生活的小型节肢动物、爬虫类或鸟类

▶　别名：兰花螳　｜　分布：马来西亚的热带雨林区

图片展示

提供动物的生境图，方便你观察到其自然的生长状态，对整体形象产生认知

动物科学分类示例

动物界	Animalia
节肢动物门	Arthropoda
昆虫纲	Insecta
蜻蜓目	Odonata
差翅亚目	Anisoptera
蜻蜓科	Libellulidae
蜻属	*Libellula*
宽翅蜻蜓	*L. depressa*

二名法

Libellula depressa
Linnaeus, 1758

命名者

命名年份

分布

提供该种动物在世界范围内的简略生长分布信息，并指明在我国的生长区域，方便观察

别名

提供一至多种别名，方便认知

警告 本书仅介绍昆虫纲、蛛形纲、甲壳纲、多足纲、腹足纲动物相关知识，应慎碰触、捕捉，以免发生过敏或中毒。若误触或误用后产生不适和其他不良反应，本书概不负责。

目录

PART 1

昆虫纲

飞翔昆虫

田野昆虫

Contents

水生昆虫

陆地昆虫

昆虫的生态价值

如果蜜蜂消失了，人类会怎么样？
"如果蜜蜂从地球上消失，那人类只能再活4年。"（爱因斯坦）

数据统计显示：

全世界约80%的开花植物靠昆虫授粉，而其中85%靠蜜蜂授粉，90%的果树靠蜜蜂授粉。如果没有蜜蜂的传粉，约有4万种植物会繁殖困难、濒临灭绝。因此，保护蜜蜂就是保护人类自身。

人类并不是一个孤立的存在，地球上的所有生命，包括蜜蜂、蜘蛛、黄蜂、蝎子、象鼻虫在内，都在同一个紧密联系的系统之中，昆虫也是地球生物链上不可缺少的一环，昆虫的生命也应当得到尊重。生态环境中无论多么微小的物种的消失，都不是一个单纯的事件，某一物种的消失都至少会对其所处生物链前后的物种甚至人类和整个自然产生影响。

捕捉和观察昆虫

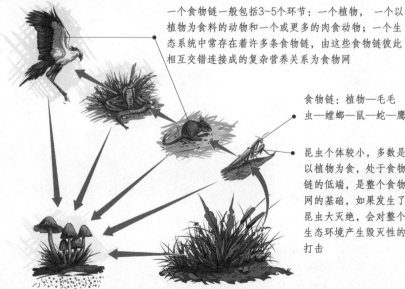

一个食物链一般包括3~5个环节：一个植物，一个以植物为食料的动物和一个或更多的肉食动物；一个生态系统中常存在着许多条食物链，由这些食物链彼此相互交错连接成的复杂营养关系为食物网

食物链：植物—毛毛虫—螳螂—鼠—蛇—鹰

昆虫个体较小，多数是以植物为食，处于食物链的低端，是整个食物网的基础，如果发生了昆虫大灭绝，会对整个生态环境产生毁灭性的打击

食物链

生物学概念，亦称"生物链""营养链"。指生态系统中各种生物为维持其本身的生命活动，必须以其他生物为食物的这种由食物联结起来的链锁关系。这种摄食关系实际上是太阳能从一种生物转到另一种生物的关系，也即物质能量通过食物链的方式流动和转换。按照生物与生物之间的关系可将食物链分为捕食食物链、腐食食物链（碎食食物链）和寄生食物链。

食物链不同环节的生物，其数量相对恒定，以保持自然平衡。

食物链中关键环节的断裂，往往会很快地导致整个食物链甚至整个生态链的断裂。

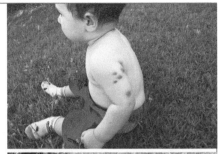

警告：很多昆虫带有毒性，当心被叮咬！

昆虫大灭绝

受人类活动的影响，特别是农药使用，欧洲80%的昆虫已经在近30年内消失。

研究人员警告：昆虫族群的迅速崩溃对地球生态系统影响巨大——昆虫是食物链中不可或缺的环节，供养鸟类和爬行纲动物。

地球上的每个物种、每个生命都值得尊重和保护，与大自然中的各种生物和谐相处，让自然环境与生态更加和谐美好，才是人类根本的生存之道。

昆虫种类和数量繁多，大部分未被研究甚至未被注意

认识昆虫

　　昆虫纲（Isecta）旧称"六足虫纲"，属于节肢动物门，是整个动物界中数量最大的一个类群，踪迹几乎遍及整个地球——已知的昆虫约有100万种，但仍有许多种类尚待发现。

　　昆虫纲动物具有节肢动物的共同特征，通常身体由若干环节组成，集合成头、胸、腹三个部分。头部是感觉与取食的中心；胸部是运动的中心，具有3对足；腹部是生殖与营养代谢中心，包含着生殖器官及大部分内脏；一般成虫还有2对翅，也有一些种类完全退化。

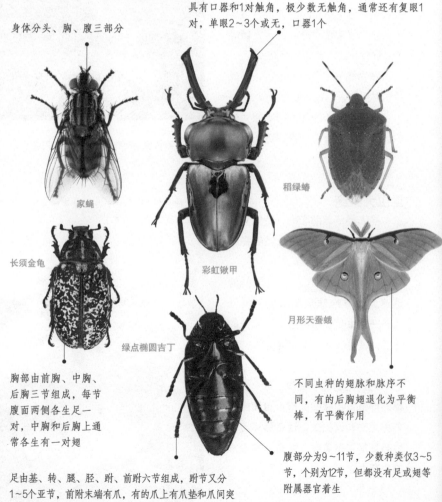

身体分头、胸、腹三部分

具有口器和1对触角，极少数无触角，通常还有复眼1对，单眼2~3个或无，口器1个

家蝇

稻绿蝽

长须金龟

彩虹锹甲

月形天蚕蛾

绿点椭圆吉丁

胸部由前胸、中胸、后胸三节组成，每节腹面两侧各生足一对，中胸和后胸上通常各生有一对翅

不同虫种的翅脉和脉序不同，有的后胸翅退化为平衡棒，有平衡作用

足由基、转、腿、胫、跗、前跗六节组成，跗节又分1~5个亚节，前跗末端有爪，有的爪上有爪垫和爪间突

腹部分为9~11节，少数种类仅为3~5节，个别为12节，但都没有足或翅等附属器官着生

拟态

拟态是指一种生物在形态、行为等特征上模拟另一种生物，从而使一方或双方受益的现象。

巨人叶蟠、李枯叶蛾均是世界著名的拟态种类，前者似一片树叶，后者像极了枯叶，可以轻易地"消失"在所处环境中，不易被察觉。

此外，本书中还收录了蛛形纲、甲壳纲、多足纲、腹足纲动物。

蛛形纲（Arachnida）动物在全世界已知约5万多种，包括蜘蛛、蝎、蜱、螨等。

甲壳纲（Crustacea）动物约有31000多种，包括水蚤、剑水蚤、丰年虫、对虾、螯虾、龙虾、蟹等。

多足纲（Myriapoda）动物分布在陆地潮湿的地方，身体扁平或圆筒形，常见有蜈蚣、马陆等。

腹足纲（Gastropoda）通称螺类，是软体动物中最大的一纲，包括有75000生存种及15000化石种，分布很广泛，在海洋到多种不同性质的水域均见。

门前一棵葡萄树，蜗牛背着沉重的壳儿，一步一步地往上爬

巨人叶蟠

我是一枚名副其实的"枯叶"

李枯叶蛾

看我有没有皇帝气势？

帝皇蝎

彩虹蟹

黑寡妇蜘蛛

庭园蜗牛

欧洲沙蚤

蜈蚣

昆虫分类

　　昆虫大体上可分为无翅昆虫和有翅昆虫。前者较为原始和罕见，通过周期性蜕皮发育为成体，如衣鱼。后者较为多见，部分经过渐变过程完成变态，例如蚂蚁；部分经过突然转变完成变态，中间有个蛹的虫态，如蝴蝶。

　　为了便于观察，本书将根据昆虫经常活跃的环境和取食习性，笼统分为飞翔昆虫、田野昆虫、林木昆虫、水生昆虫、陆地昆虫和寄生昆虫六大类。这种分法并不绝对，譬如田野昆虫也有可能出现在林地中，陆地昆虫也会出现在田野里。

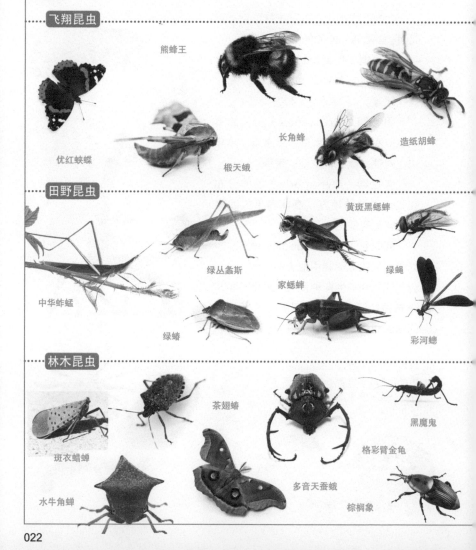

飞翔昆虫

熊蜂王

长角蜂

造纸胡蜂

优红蛱蝶

椴天蛾

田野昆虫

黄斑黑蟋蟀

绿丛螽斯

绿蝇

中华蚱蜢

家蟋蟀

绿蝽

彩河蟋

林木昆虫

茶翅蝽

黑魔鬼

斑衣蜡蝉

格彩臂金龟

水牛角蝉

多音天蚕蛾

棕榈象

昆虫纲科学分类为：

无翅亚纲：石蛃目、衣鱼目

有翅亚纲：蜉蝣目、蜻蜓目、襀翅目、等翅目、蜚蠊目、螳螂目、蛩蠊目、竹节虫目、纺足目、直翅目、革翅目、缺翅目、虱目、啮虫目、缨翅目、半翅目、脉翅目、广翅目、蛇蛉目、鞘翅目、双翅目、蚤目、捻翅目、长翅目、毛翅目、鳞翅目、膜翅目、重舌目、同翅目、食毛目

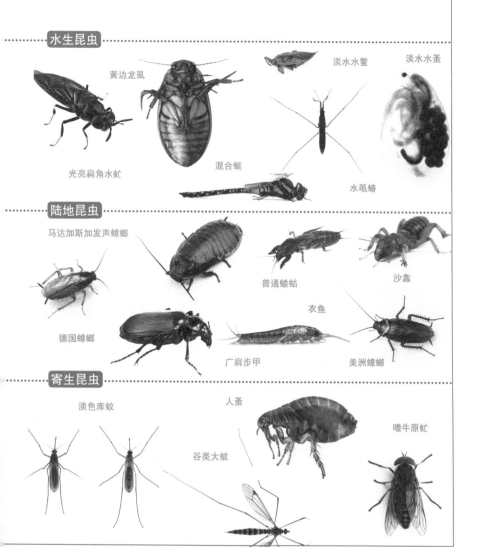

水生昆虫

黄边龙虱

淡水水鳖

淡水水蚤

光亮扁角水虻

混合蜓

水黾蝽

陆地昆虫

马达加斯加发声蟑螂

普通蝼蛄

沙螽

德国蟑螂

衣鱼

广肩步甲

美洲蟑螂

寄生昆虫

淡色库蚊

人蚤

嗜牛原虻

谷类大蚊

昆虫的生活史

生活史，是指一种昆虫在一定阶段的发育史，常以一年或一代时间为单位。

昆虫在一年中的生活史称为年生活史或生活年史，常是指昆虫从越冬虫态（卵、幼虫、蛹或成虫）越冬后复苏起，至第二年越冬复苏前的全过程。

世代

昆虫的卵或若虫，从离开母体发育到成虫性成熟并能产生后代为止的个体发育史，称为一个世代，简化为一代或一化。

一年发生1代的昆虫，称为一化性昆虫；一年发生两代及以上的昆虫，称为多化性昆虫；也有昆虫需要两年甚至多年才能完成1代，例如十七年蝉需要17年发生1代。

多化性昆虫一年发生代数的多寡，与环境因素相关，因此即使同种昆虫在不同地区一年发生的代数也有所不同。

虫态

一个世代通常包括卵、幼虫、蛹及成虫等虫态。

一生要经过卵、幼虫、蛹和成虫4个不同发育阶段，要求温度较高

生态分布很广，有蚜虫的地方就有它们的踪迹，成虫及幼虫都是吃蚜虫的，常被用作生物防治手段

七星瓢虫的生活史

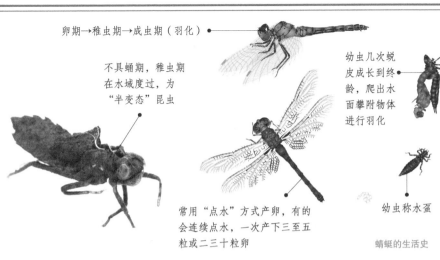

卵期→稚虫期→成虫期（羽化）

不具蛹期，稚虫期
在水域度过，为
"半变态"昆虫

幼虫几次蜕
皮成长到终
龄，爬出水
面攀附物体
进行羽化

常用"点水"方式产卵，有的
会连续点水，一次产下三至五
粒或二三十粒卵

幼虫称水蛋

蜻蜓的生活史

变态

指昆虫从幼虫发育为成虫的过程中，其外部形态、内部结构、生理机能、生活习性及行为本能上发生一系列变化的总和。变态类型主要有以下5种。

增节变态

指幼虫期及成虫期间身体大小和器官发育程度的差别。

表变态

幼虫时基本与成虫形态相同，只是在生长发育过程中，性器官逐渐成熟、触角、尾须节数不断增加、个体大小有些变化。

原变态

幼虫变为成虫要经过亚成虫期，这个时期较短，呈静休状态。仅见于有翅亚纲的蜉蝣目昆虫。

不完全变态

昆虫成虫的特征是在经过卵期、幼虫期和成虫期三个时期的生长发育过程中逐渐显现的。又有以下3个不同变态类型。

渐变态：在生长发育中，幼虫期与成虫期形态上变化不大，只是翅未长出，生殖器官发育不全（此时期的幼虫也称为若虫），经过几次蜕皮，渐渐成长为成虫。如直翅目、螳螂目、半翅目、同翅目、蜻目昆虫。

半变态：如蜻蜓，其成虫是陆生，幼虫则生活于水中，幼虫与成虫的呼吸器官和取食器官差异都较大。

过渐变态：这种变态类型昆虫的若虫与成虫差别不大，在若虫与成虫间存在一个不食不动的伪蛹阶段，如蓟马和雄性蚧壳虫。

完全变态

昆虫一生要经过卵、幼虫、蛹和成虫4个虫期。幼虫与成虫在外部形态及生活习性上有很大差异。

有些完全变态类昆虫中幼虫的各龄之间形态也不一样，这一变态现象称复变态，如鞘翅目的步甲、芫菁、双翅目的寄蝇和膜翅目的姬蜂等。总之，在有翅亚纲中较高等的目都属完全变态形式。

蚕卵→蚁蚕→熟蚕→蚕蛹→蚕蛾（成虫）→蚕蛾
产下的卵→孵蚕→变蛹→化蛾

蚕的生活史

鳞翅目蛾类和蝴蝶属于完全变态，幼虫时触角和翅全无，口器为咀嚼式；变为成虫后，幼虫的形态全部消失，不但有翅可自由飞舞，口器也变为虹吸式

幼虫共蜕皮四次，成为五龄幼虫，再吃桑叶8天成为熟蚕，开始吐丝结茧

人们很难想象美丽的蝴蝶是由丑陋的毛毛虫变来的

不同蝴蝶种类完成一个世代所需时间有长有短，短的仅20多天，如菜粉蝶；长的近3年，如东北亚绢蝶

卵期(胚胎期)→幼虫期(生长期)→蛹期(静止变化期)→成虫期(羽化)；由卵到成虫，这四个阶段形态变化巨大，依次循环，周而复始，形成一圈，称为世代，也就是蝴蝶的生活史

东方虎凤蝶的生活史

蚂蚁是一种十分古老的昆虫，其起源可追溯到1.3亿年前的白垩纪，与恐龙同一时代。

蚂蚁属完全变态昆虫，分卵、幼虫、蛹和成虫四个阶段。

卵白色或淡黄色，细长，形如米粒；蛹是最后一龄，幼蚁体缩短，不食不动，被称为前蛹，前蛹蜕皮后即为蛹；蛹初为乳白色，后渐变为黄褐色，常堆放在一起，也被误认为"蚁卵"。幼蚁为乳白色，常作弯曲状

成虫具有明显的多型现象，一般有蚁后、雄蚁、工蚁和兵蚁。蚂蚁的寿命比较长，个别蚂蚁的寿命长得惊人，有的工蚁可活7天，蚁后寿命可长达20年

蜣螂俗称屎壳郎，世界上约有2300种，分布在除南极洲以外的任何一块大陆，主要以动物粪便为食，被誉为"自然界的清道夫"。

一只蜣螂可以滚动一个比它身体大得多的粪球，处于繁殖期的雌蜣螂则会将粪球做成梨状，并在其中产卵，孵出的幼虫以现成的粪球为食，直到发育为成年蜣螂才破卵而出

植食性蜣螂以树汁为食，雌雄交配后雌蜣螂把卵产在腐叶土里，约10天后幼虫破卵，以腐叶土或动物粪便为食，次年7月化蛹，约20天后变为成虫

昆虫的习性

　　法布尔《昆虫记》："蝈蝈后足强健、大腹，善跳跃，生于原野草丛、矮林、灌木，平时隐藏于草中，或在植物茎秆上爬行、栖息、觅食，主要吃植物的茎、叶、瓜、果等。"

螽斯在中国北方俗称蝈蝈

食性

　　昆虫在长期进化中，对食物形成一定选择性，可分为植食性、肉食性、腐食性和杂食性昆虫四类。其中，植食性昆虫约占昆虫总数的40%~50%。

　　根据昆虫取食范围的多寡，又可分为单食性、寡食性和多食性昆虫三类。单食性昆虫是以某一种植物为史料，寡食性昆虫是以1科或少数近缘科植物为食料；多食性昆虫是以多个科的植物为食料。

螽斯

大黄蜂

趋性

　　趋性是指昆虫对外界刺激的趋向反应，主要有趋光性、趋化性、趋温性、趋湿性等。

群集性

　　指群集在一起生活的习性，有临时性群集和永久性群集两类。

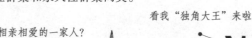
看我"独角大王"来啦

相亲相爱的一家人？

独角仙

昼夜节律

绝大多数昆虫的活动，如飞翔、取食、交配等，都与白天和黑夜有着密切的关系，呈现出一定规律性。据此可分为日出性昆虫，如蝴蝶、蜻蜓等；以及夜出性昆虫，如蛾类等。

扩散和迁飞

扩散指昆虫个体经常或偶然小范围地分散或集中活动，表现为：完全靠外部因素，即在风力、水力、动物或人类活动影响下被动扩散；从虫源地向外扩散，向别处蔓延；受趋性驱动进行扩散，如追随蜜源植物等。

迁飞是指一种昆虫集群从一地转移到另一地的现象，经常发生在成虫时期。

假死性

指昆虫受刺激后，身体蜷缩静止不动，呈假死状态，稍后再恢复正常活动。这是逃避敌害的一种方式，也可用震落法捕捉害虫或采集标本。

休眠和滞育

昆虫在不良环境条件下会暂停活动，呈静止或昏迷状态，如呈积极性发生，则成为冬蛰或夏眠。

栖息

　　各种昆虫都有适宜它生活的栖息地，这里气候适宜这种昆虫生长、发育、繁殖，有充足的食物，有足够多的活动空间，能支撑这种昆虫世代繁衍。寒冷的冰山上的跳虫可以忍受零下50℃低温，多足摇蚊可以在连年无水的情况存活，还有一些昆虫能够存活在温泉水中。

● 蜂类生活在为自己筑造的精致巢穴中

● 蝉的幼虫生活在温暖舒适的泥土中

昆虫旅馆

　　又称"昆虫旅店"，它既为昆虫提供一个避难所和栖息地，又为人们提供了一个近距离观察昆虫的机会，还可以达到保护花园的目的——授粉昆虫可以帮助鲜花和果树授粉。

　　制作昆虫旅馆，首先要利用木材、砖瓦等搭出一座"旅馆"，分割出不同的"房间"，然后填充不同的材料——不同的材料会吸引不同的昆虫，因此选对填充物是关键。

　　空心材料：吸引蜂类。

　　花盆：填充后倒扣，吸引螳螂。

　　空心秸秆：吸引膜翅类昆虫。

　　砖块瓦砾：放在底层，吸引两栖类动物青蛙、蝾螈等。

　　昆虫旅馆可被搭建得可大可小，可简易也可复杂，适宜安置在庭院或花园里，结合生物防治病虫害知识，可以起到很好的"保护动物养花园"的作用。

繁殖

昆虫因种类不同，繁殖方式也多种多样，主要有以下几类。

两性繁殖：昆虫绝大多数是雌雄异体，要经过交配、受精后产出受精卵，每个卵发育为一个新个体。

孤雌生殖：雌虫不必经过交配或卵不经过受精，便可产生新的个体，又叫单性生殖，可分为永久性孤雌生殖和交替式孤雌生殖。

卵胎生：卵在母体内孵化，由母体直接产出幼体。卵的胚胎发育所需营养只靠卵本身的卵黄体供给，如蚜虫的单性生殖就是卵胎生。卵胎生对卵起一种保护作用，使生活史缩短，繁殖加快。

多胚生殖：某些寄生蜂特有的生殖方式，是在一个卵内产生两个或数百个甚至上千个胚胎，进而发育为多个新个体，其性别由所产卵是否受精而定——受精卵发育为雌虫，未受精卵则发育成雄虫。从一个卵发育出来的个体均是同一性，如内寄生的跳小蜂、姬蜂等。

寿命

昆虫的寿命因种类而异，同一种昆虫也会因为食物供给、发育情况、生活环境等因素而有很大差别。总体而言，大型昆虫的寿命较长，小型昆虫的寿命较短。

蜜蜂、蚜虫均有孤雌生殖现象

两性卵生是昆虫繁殖后代最普遍的方式

蜉蝣被认为朝生暮死，寿命极短，实际上成虫交配产卵于水中，幼虫在水中经过1~3年才变成亚成虫

蝉的寿命较长，可在泥土中度过漫长数年甚至十多年

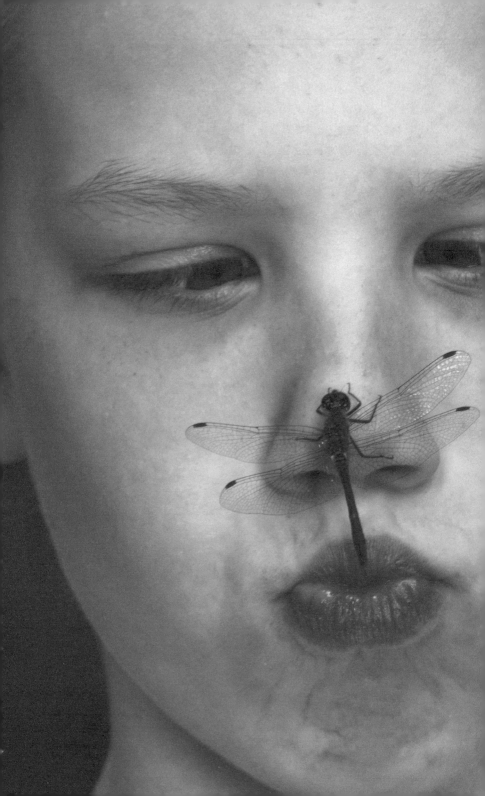

PART 1

飞翔昆虫
034~088页

昆虫纲

中华虎凤蝶

观察季节： 春、夏、秋季，3~4月和9~10月较常见
观察环境： 光线较强而湿度不太大的林缘地带

　　中华虎凤蝶是中国独有的一种野生蝶类，因其独一无二、珍贵无比，所以被誉为"国宝"，并且还是中国昆虫学会中蝴蝶分会的会徽图案。

中国昆虫学会蝴蝶分会的会徽图案就是中华虎凤蝶

形态 中华虎凤蝶为雌雄同型，体、翅皆为黑色，翅展55~65毫米，前翅上有7条黄色的斑带，其中第2条和第3条，第4条和第5条在中部合二为一到达后缘，第6条斑带在中部即消失，第7条斑带窄长，由8个黄色的斑点整齐排列组成；后翅外缘呈波浪状，在波谷处有4个黄色的半月形斑纹，亚外缘有5个红色的斑点依次排列，连成斑带，内侧有细小的黑斑，有尾突，较短。雌蝶与雄蝶大致类似，前后翅反面的斑纹与正面基本相似。

习性 **活动：** 不善飞行，只在特定区域活动。**食物：** 宿主为马兜铃科的杜衡、华细辛等；成虫经常访花吸蜜，以蒲公英、紫花地丁及其他堇科植物为主要蜜源，经常会吸食油菜花或蚕豆花蜜。**栖境：** 光线较强而湿度不太大的林缘地带。**繁殖：** 卵生，一年发生一世代，卵为立式，3月中下旬产卵，集中产于寄主植物的叶片背面，开始时呈淡绿色，具有珍珠般光泽，孵化前变成黑褐色，底平上圆，呈馒头形；幼虫取食马兜铃科的杜衡、华细辛等植物；以蛹越夏、越冬。

翅黄色，间有黑色横条纹（黑带），酷似虎斑，亦称横纹蝶

除翅外，整体黑色，密被黑色鳞片和细长的鳞毛

金凤蝶

取食茴香和胡萝卜等植物的叶及嫩枝

观察季节：春、夏、秋季

观察环境：草木茂盛、鲜花盛开的地方

金凤蝶的体态优美、华贵异常、颜色艳丽，因此被称为"能飞的花朵"、"昆虫美术家"等，并且其有很高的观赏价值和药用价值，它的幼虫在藏医药典中被称为"茴香虫"，有理气、止痛和止呃的功能，主治胃痛、小肠疝气等，疗效显著。

形态 金凤蝶是一种大型凤蝶，体翅为金黄色，有光泽，从头部至腹部末端有1条黑色纵纹，雄性的纵纹比雌性宽。前翅底色为黄色，翅脉为黑色，异常明显，排列整齐，端部有2个黑斑，内部颜色较深，为黑黄色，前翅的反面有放射形条纹，亚顶角内侧有3～4枚黄褐色的斑点；后翅内部颜色较浅，略透，黑色的翅脉较细，亚外缘有1列并不明显的蓝色雾斑，外缘呈波浪状，有尾突。

习性 **活动**：喜欢上下飞舞盘旋。**食物**：宿主为茴香等植物；成虫喜访花，采食花粉和花蜜。**栖境**：平原、高山中草木茂盛处。**繁殖**：卵生，一年发生两至三代，经历卵—幼虫—蛹—成虫四阶段。卵为圆球形，直径约1.2毫米；幼虫5龄；蛹长33～35毫米，以蛹越冬；卵期约7天，幼虫期约35天，蛹期约15天。腹部有多条黑色的细纵纹。

臀角处有1个橘红色的圆形斑点

前翅翅边有一列黑色斑带，内嵌8个黄色半圆形斑点

达摩凤蝶

观察季节：全年可见

观察环境：草原、灌丛

　　达摩凤蝶是害虫和入侵物种，被称为"死亡之蝶"，外表却花纹绚丽、色彩缤纷、舞姿动人，给人以美的享受，除常在油画、硬币、邮票、摄影作品、纺织品等艺术作品以及诗歌等文学作品中出现外，其标本还被用来制作成各种工艺品。

因所处环境不同有绿色、褐色两种

形态 达摩凤蝶通体黑色或黑棕色，前、后翅散布较多黄白色或棕黄色斑纹。翅展80～100毫米，前翅内部有许多细碎的小黄点，组成了许多条细的横纹；后翅内部排有一列大斑，它们相连成一条宽横带，横带内侧呈弧形，外侧凹凸不齐，后翅外缘及亚外缘部分有斑点，中部有蓝色瞳斑，反面基部多了3枚淡黄色的斑点，中区的斑点呈杏黄色，比其他部分的斑点大而且清楚；臀角的蓝斑带有红色，无尾突。

无尾，背部黑色，翅膀上有不规则斑点

习性 **活动：**飞行迅速，喜欢潮湿，常在水边和池塘附近活动。**食物：**宿主为柑橘等植物，成虫喜访花。**栖境：**草原、灌丛等。**繁殖：**卵生，一年发生多代，经历卵—幼虫—蛹—成虫四个阶段。卵为黄色，球形，直径约1.1毫米；幼虫喜食柚、柑橘、橙等；蛹体长约34毫米，有绿色和褐色两种，蛹期约14天，以蛹越冬；卵期3～6天，幼虫期14～21天。

雌雄蝶交配中。产卵球形，黄色，将孵化时有黄褐色污斑

别名：无尾凤蝶 | 分布：东南亚、南亚、澳洲和我国湖北、浙江、云贵川、华南、台湾

银月豹凤蝶

观察季节：全年大部分时间可见，4～12月较常见

观察环境：落叶树林、树木繁茂的沼泽、田野、路边、公园

银月豹凤蝶是一种带神秘感的大蝴蝶，因为它披着一张黑色大袍子，如巫师一般，随时可施展魔法。

雄蝶后翅上有蓝色的鳞片，雌蝶后翅上则有蓝绿色的鳞片

形态 银月豹凤蝶体型大，翅展75～100毫米，前翅正面多为黑色，沿边缘带象牙色斑点；后翅正面边缘处带有橙色斑点，鳞片泛蓝色（雌蝶）或蓝绿色（雄蝶）光泽。后翅反面边缘有浅绿色斑点。

习性 **活动：**常在低空飞行，快速掠过。雌蝶喜欢待在开阔地带，如平原上；雄蝶更喜欢在沼泽地带活动。繁殖期雄蝶在森林、路边和林地边缘飞舞，寻找雌蝶。**食物：**幼虫以山胡椒、黄樟树、花椒、鹅掌楸、樟树、鳄梨树为寄主；成虫吸食金银花、蒺藜、乳草属植物、杜鹃、罗布麻、马缨丹、含羞草等的花蜜。**栖境：**落叶阔叶林，开阔草原，树木茂盛的沼泽地带。**繁殖：**一年发生2代，4～10月；在南方一年发生数代，3～12月。雌蝶在寄主植物的叶片下产单卵。毛毛虫生活在折叠叶片中，夜间出来觅食，老熟后化蛹，而后羽化成蝶。

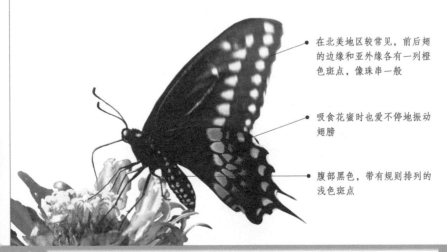

在北美地区较常见，前后翅的边缘和亚外缘各有一列橙色斑点，像珠串一般

吸食花蜜时也爱不停地振动翅膀

腹部黑色，带有规则排列的浅色斑点

▶ **别名：**不详 | **分布：**从加拿大南部到佛罗里达州东部，也出现在古巴

枯叶蛱蝶

观察季节：夏、秋季，5~9月较常见
观察环境：低海拔山区的山崖峭壁及葱郁杂木林

1941年，在德军侵入苏联境内时，著名的蝴蝶专家施万维奇设计了一套仿枯叶蛱蝶的防空迷彩伪装，使得列宁格勒的众多军事目标披上了一层神奇的"隐身衣"，从而有效地防御了侵略军的进攻。

形态 枯叶蛱蝶的体背呈黑色，翅膀呈褐色或紫褐色，并带有青绿色光泽；前翅中部有1条宽大的橙黄色斜带，两侧分布有白色斑点，两翅亚外缘处各有一条深色的波线；前翅顶角处和后翅臀角处分别向前后延伸；翅的背面呈枯叶色，还带有叶脉状的条纹，翅里间还有深浅不一的灰褐色的斑点，很像叶片上的病斑。雌、雄蝶的形态较为类似，唯一的差异在于，雌蝶的翅端较雄蝶更为尖锐并外弯。

习性 **活动**：飞行速度比较快且飞得比较高，而一旦受惊，则会以敏捷的动作迅速飞离。**食物**：宿主为爵床科的植物；成虫不喜访花，喜欢吸食树液、腐果、水液等。**栖境**：生活于山崖峭壁以及葱郁的杂木林间，常栖息于溪流两侧的阔叶片上。

橙黄色带像秋天的黄叶颜色 ●

繁殖：卵生，经历卵—幼虫—蛹—成虫四个阶段。卵期约6天；幼虫以蝎子草、红草、马兰等植物为食，5~6龄，以5龄居多，幼虫期约36天；蛹期约10天。

● 世界上最著名的拟态蝴蝶，比其他蝶种数量稀少，我国西南部、中部、喜马拉雅山的低海拔地区可见到，停栖合拢翅膀时恰似一片枯叶，展翅时则较绚烂

翠蓝眼蛱蝶

雌、雄两型差异较大

观察季节： 6～11月较常见

观察环境： 低山地带的路旁及开阔荒芜的草地

翠蓝眼蛱蝶的后翅为翠蓝色，在阳光照射下会发出蓝色闪光，耀眼并漂亮。其季节型种差异明显，秋型的前翅反面颜色较深，后翅多为深灰褐色；夏型的翅面为灰褐色，前翅的眼纹非常明显；冬型的颜色比较深暗，所有的斑纹都不十分明显。外围橙色，中间黑色，最里面白色。后翅大部分区域呈宝蓝色光泽。

形态 翠蓝眼蛱蝶的翅展50～60毫米。雄蝶前翅面基半部分呈深蓝色或蓝黑色，带有黑色天鹅绒般光泽，中室部分有2条不明显的橙色棒带，亚外缘处有2个眼状斑纹，有时并不明显；后翅面的基部为深褐色，翅边也有一圈花纹，亚外缘处也有2个眼状的斑纹。雌蝶为深褐色，前翅的中室内有2个橙色的棒带和2个眼状斑纹；后翅大部分区域为深褐色，眼状斑纹比雄蝶的醒目。

习性 **活动：** 喜欢在道路两旁的低空飞舞。**食物：** 宿主为水蓑衣属、金鱼草等植物，成虫喜访花。**栖境：** 通常生活在低山地带的路旁及开阔荒芜的草地。**繁殖：** 卵生，经历卵—幼虫—蛹—成虫四个阶段。幼虫分为5龄，以水蓑衣属、金鱼草等植物为食。

翅边有一圈花纹，颜色较浅，为浅棕色或浅灰色

端部有一片浅颜色的区域

黄缘蛱蝶

观察季节： 春、夏、秋季，6~8月较常见

观察环境： 林地、灌木丛

黄缘蛱蝶深紫色的翅膀上有一条黄边，名如其蝶。它是为数不多的留在北方过冬的蝴蝶之一。在寒冷的冬季，它们或在树洞里，或在树皮下冬眠以越过漫长的冬季。当春天来临时，它们率先飞舞在北方的春天里，可谓春天最早见到的蝴蝶，匈牙利和德国曾发行过印有它美丽身姿的邮票。

翅反面外缘黄白色

形态 黄缘蛱蝶体型中等，翅展45~90毫米，翅浓紫褐色，外缘有灰黄色宽边，内侧有7~8个蓝紫色椭圆形纹排列；前翅顶角附近有两个白色斜纹；翅反面黑褐色，有密集的黑色波状细纹，外缘黄白色。

习性 **活动：** 春天来临，融雪尚未完全消失前它便可以出来飞舞，故被称为"雪地蝴蝶"。停息时双翅合拢，"黄缘"显示得更为清晰。**食物：** 幼虫吃寄主植物的叶子，如柳、黑柳、榆、朴树、山楂和杨树等，属林业害虫；成虫偶尔采蜜，更喜欢吸食树液和腐烂水果。**栖境：** 北方的树林、山林、森林及林缘灌木丛。**繁殖：** 每年一代，成虫休眠。幼虫期5~7月，幼虫体节长着枝刺，在临变成虫前吐丝作茧，15~20天可变为成虫，破茧出壳。新一代成虫6~8月产生。

成虫寿命可达10~11个月，在蝴蝶中极少见

前、后翅正面外缘有灰黄色宽边

▶ | **别名：** 孝衣蝶 | **分布：** 欧洲西部、朝鲜、日本，我国北京、黑龙江、新疆、陕西

优红蛱蝶

观察季节：*全年大部分时间均见，3～11月较多见*

观察环境：*沼泽、树林、田野和花园*

优红蛱蝶生性急躁，在昆虫界是飞行速度最快的，并可以快速改变方向。春天和秋天活跃，但无法忍受寒冷气候，会朝南方温暖气候地区迁移以越冬，飞行时间从3～11月，夏季比冬季具更亮的颜色和较高的体重，冬季将冬眠。

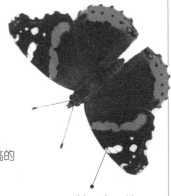

前翅正中、后翅
边缘有红色带

形态 优红蛱蝶是中型蝴蝶，翅展45～120毫米，翅膀色彩鲜艳，花纹复杂；前翅正面黑色，正中有红色带，近翼角有心状白色斑纹；后翅黑色，带红橙色斑带，边缘有白色细带。腿和眼睛处多毛。

习性 **活动**：雄蝶领地性强，1个小时内会巡逻高达30次，赶走入侵者。繁殖期雄蝶常栖息在阳光斑驳处，在领地巡视，等待雌性飞过。**食物**：寄主主要是荨麻科植物以及啤酒花；成虫喜欢食用树液、发酵水果和鸟粪，也吃乳草、红三叶、紫菀、苜蓿等。**栖境**：稀树草原或森林草原、湿地沼泽、潮湿的树林、庭院、公园。**繁殖**：一生经历卵、幼虫、蛹、成虫四阶段，一年发生1～3代。雌蝶产卵在寄主植物叶片表面，卵球形；幼虫孵化后会吃掉大量植物叶片，经4～6次蜕皮，完全成长后停止进食，爬行寻找合适处结头下尾上的悬蛹；成虫性成熟后，在蛹中沿着头和胸破壳钻出，翅膀展开后即可飞翔。

翅背面色彩繁
复，花纹相当
复杂

常见的迁徙物种，在全球范围分布
很广，迁徙期间在亚热带到寒带荒
漠和苔原地区均有发现

别名：红上将蝶 | **分布**：整个欧洲的中部和南部、亚洲、北非和北美

优红蛱蝶

化妆蛱蝶

观察季节： 一年四季均见

观察环境： 植被丰富的开阔地带，如田野和草甸

化妆蛱蝶是世界上分布最广的蝴蝶物种之一，它们出现在新北区、古北区、新热带区以及海洋的岛屿上。

形态 化妆蛱蝶翅展51～73毫米，翅膀上部是橙褐色，具较深的翼基。前翅有一个白色条带，后翅有五个细小的黑点排列呈行。翅膀反面有棕色、黑色和灰色图案，上面具细小的眼状斑纹。

前翅尖端有黑色
三角区，具白斑

习性 **活动：** 身体轻，可以长距离飞行。雄蝶领地性强，会等待雌蝶前来交配，繁殖季会与多只雌蝶交配。**食物：** 幼虫以菊科植物为食，包括蓟、飞廉、矢车菊、牛蒡、向日葵和蒿等；寄主植物超过300种。**栖境：** 适应性强，常生活在郊区、农田、沼泽、冻土带、针叶林、沙漠或沙丘、森林、热带雨林、灌木林和山地中，海拔低至海平面。**繁殖：** 雌蝶在宿主植物如菊科植物上产卵，卵浅绿色；孵化后幼虫取食叶片，幼虫灰褐色，尾端较深，身上具黄色条纹和小尖突，蜕皮数次，老熟后化蛹。蛹多种颜色，包括金属绿色、棕色或蓝白色，受气候影响，在亚热带地区，33～44天羽化；在凉爽地带，60天以上才羽化。成虫寿命2～4周。

翅膀正面以黄色
为基色，带有黑
色斑纹，给人豹
纹的感觉

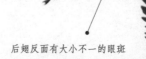

后翅反面有大小不一的眼斑

▶ **别名：** 小红蛱蝶 | **分布：** 除南极洲、南美洲外其他大洲均见

蓝闪蝶

观察季节：全年大部分时间

观察环境：热带雨林的树冠丛或林地上

蓝闪蝶是巴西的国蝶，它是蛱蝶科闪蝶属中最大的一个物种，是著名的热带蝴蝶，其科名来自希腊词"Morph"，为美神维纳斯的名字，可以想见它是多么美丽了。

[形态] 蓝闪蝶翼展13～17厘米，翅上带有绚丽的金属光泽。翅膀上的鳞片结构复杂，当光线照射时会产生折射、反射和绕射等物理现象，出现绚丽色彩。但并非所有闪蝶都具金属般蓝色光泽，有的只限于雄蝶。

会利用色彩优势来保护自己，当有捕食者接近，会快速振动翅膀，产生闪光现象来恐吓对方

[习性] **活动**：翅膀硕大，能快速地在天空翱翔，日夜都会活动。雄蝶有领域性，翅膀反射出的金属光泽是向其他雄蝶表示其领域范围。多数时间在森林里，有时冒险进入阳光明媚的空地以获得温暖。**食物**：不以花蜜为食，更喜欢吃成熟热带水果的汁液，比如芒果、荔枝等，以及粪便汁液；常冒险飞落森林地面，以找到可以喝果汁的烂水果。**栖境**：新热带界的热带雨林中，如亚马逊原始森林，以及南美干燥的落叶林和次生林林地，生活在树冠层。**繁殖**：一生经历卵、幼虫、蛹、成虫四个阶段。卵为半球形，产于寄主植物或嫩芽上，幼虫孵出后吃掉大量叶子，经4~6次蜕皮。老熟幼虫在叶子背面隐蔽处结蛹，蛹头下尾上悬吊。成虫性成熟后在蛹中沿着头和胸破壳钻出。

寄主多为堇菜科、忍冬科、杨柳科、桑科、榆科、麻类、大戟科、茜草科

▶ | **别名**：蓝色妖姬 | **分布**：中南美洲，包括墨西哥、巴西、哥斯达黎加和委内瑞拉

斑点木蝶 ▶ 眼蝶科，帕眼蝶属 | *Luehdorfia chinensis* L. | Speckled wood

斑点木蝶

观察季节：*夏季，6~8月较常见*

观察环境：*草坪、林地*

斑点木蝶有两个亚种，即分布
在北欧和东欧的亚种及分布在南
欧的亚种，其翅面上的斑点众多，
且喜欢停息于树木上，故得名。

林地蝴蝶，广布于欧洲，
翅膀褐色带淡黄色或奶白
色斑点

形态 斑点木蝶的头、胸、腹部为黑褐色，长有
褐色长绒毛，触角细长，呈钩状，翅展40~45毫米，雄蝶前翅的翅面呈褐色有淡黄色
或奶白色斑点，翅面上还有几个深色眼状斑纹；后翅翅面上有3~4个眼状斑纹。

习性 **活动**：飞行速度较缓慢，且飞行路线不规则，常在林缘及林间阴凉处活动。
喜欢飞舞觅偶，眼纹也可以误导鸟类等掠食者，使其
只袭击其翅膀的边缘，而非其身体。**食物**：幼虫
常以禾本科与莎草科植物为宿主；成虫访花，
也以植物汁液和树汁等为食。**栖境**：针叶林
及灌草丛中。群落栖息地会影响它们寻偶的
策略，例如在针叶林的雄蝶较喜欢留守等待，
而在草坪的雄蝶则会主动寻觅。**繁殖**：
卵生，经历卵—幼虫—蛹—成虫四个
阶段。卵的形状近似于圆球形或半圆
球形；雌蝶常将卵散产在宿主植物的叶面
上；幼虫分为5龄，纺锤形，以绒毛草等草类植
物为食；蛹为悬蛹。

雌蝶较雄性鲜艳，斑纹分
明，较雄蝶的翅展更阔

别名：帕眼蝶 | **分布**：北欧、东欧、南欧等地区

黑脉金斑蝶

观察季节：全年可见

观察环境：森林、山谷

黑脉金斑蝶又称君主斑蝶，它是美国的国蝶，其名是为了纪念奥兰治亲王威廉，且因"它们是最大的蝴蝶之一，并统管众多"。

又名帝王斑蝶，翅膀上有显眼的橙色及黑色斑纹

形态 君主斑蝶是一种中型蝴蝶，华丽异常，身体为黑色，胸部上有一些黑色簇毛，腹部较短；触角又细又长，约是前翅长度的三分之一；翅展89~102毫米，翅膀主体呈黄褐色或橙色，翅脉为黑色，较粗，翅边也为黑色。雌、雄蝶大致相同，雄蝶较雌蝶体型大，并且雄蝶的后翅上有黑色的性征鳞片，翅脉较雌蝶的窄。

习性 **活动**：飞行能力强，善长途迁徙，每年都会迁徙。**食物**：宿主为马利筋植物；成虫通常以乳草属植物为食。**栖境**：森林中或者山谷中，喜欢成群栖息与活动。**繁殖**：卵生，经历卵—幼虫—蛹—成虫四个阶段。雌蝶于春夏繁殖季节产卵，卵呈奶白色，后转变为淡黄色，幼虫群集生活，以有毒的马利筋植物为食，头上有突起，体节上有枝刺；蛹为垂蛹，蛹期为2周左右。

翅膀反面与正面大致相似，反面呈淡黄色，翅脉及边缘与正面相似均为黑色，并且反面的白点比正面的大一些

北美洲的黑脉金斑蝶8月至初霜向南迁徙，翌年春天向北回归；在澳大利亚会作有限度的迁徙；雌蝶会在迁徙时产卵

别名：君主斑蝶 | **分布**：美洲及西南太平洋、澳大利亚、新西兰和我国台湾、香港

阿波罗绢蝶　▶　　绢蝶科，绢蝶属　|　*Parnassius apollo* L.　|　Mountain Apollo

阿波罗绢蝶

观察季节：夏末初秋，8月较常见

观察环境：高山地区，雪线附近

　　阿波罗绢蝶在我国仅分布于新疆，数量十分稀少，被列入国家二级重点保护野生动物。它们大都生活于高山地带，有很强的耐寒力，缓缓飞行的姿态就好像在悠然地赏雪。

形态　阿波罗绢蝶头、胸、腹部为白色，上面长有黑灰色绒毛。翅展50~90毫米，翅面为白色或淡黄白色，半透明。前翅的中室中部和端部有黑色斑点，中室外有2枚黑斑，外缘部分为黑褐色，亚外缘区有一条不规则的黑褐色斑带，后缘中部还有1枚黑色斑点；后翅基部和内缘基半部颜色较深，为黑色，臀角处及内侧有2枚红色斑点或1红1黑2个斑点，周围是一圈黑色外框。

习性　**活动**：飞行速度较缓慢，有时贴地飞行，较易捕捉。**食物**：幼虫常以景天属植物为宿主，成虫喜访花，吸食花蜜。**栖境**：海拔750~2000米的高山地区，耐寒性强，常生活在雪线上下。**繁殖**：卵生，一年仅可发生一代，经历卵—幼虫—蛹—成虫四个阶段。卵扁平，灰白色，以卵越冬；幼虫5龄，以景天植物及紫堇、延胡索等为食；蛹暗褐色并带有光泽。

翅反面与正面的斑纹大致相似，但基部有4个镶黑边的红色斑点，2枚臀斑也为镶黑边的红色斑点

前缘及翅中部各有1枚红色斑点，周围是一圈黑色外框，有时中间有白心

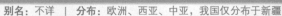

　▶　　**别名**：不详　|　**分布**：欧洲、西亚、中亚，我国仅分布于新疆

斑珍蝶

观察季节：全年大部分时间，5～8月季风期较常见

观察环境：林地草丛和灌木丛中

斑珍蝶是原产于印度、斯里兰卡的热带蝴蝶，现在澳大利亚北部地区可见到。飞行时它的翅膀折射着阳光，像空气中舞动的一团小小的火焰。

翅面散生小黑斑

形态 斑珍蝶是一种中型蝴蝶，翅展53～64毫米，较宽阔，黄褐色。翅面斑纹黑色，前翅外缘中上部有浅黑带，中室内有2个横斑，中室外4个斑排成1列，中室下方有3个斑；后翅外缘带宽，内侧锯齿状，带中央有1列淡棕色圆点。雄蝶色彩更鲜艳，呈砖红色或棕橘色；雌蝶颜色相对暗淡。

习性 **活动**：成虫飞行缓慢，看起来弱不禁风，其实它是最大胆的蝴蝶之一。当受到攻击时，它会假死并从腿关节腺体释放出难闻的黄色液体。这种保护方式有时使它吓退鸟类或蜥蜴，一旦恢复自由，它立即起飞，并恢复漫不经心的飞行姿态。**食物**：幼虫取食西番莲科植物、葫芦科和马钱科植物，成虫访花吸蜜。**栖境**：常出现在热带雨林中，也生活在开阔的林地、草地、花园中，在低海拔至2100米均见。**繁殖**：卵可产在任何地方，20～100粒一起，黄色，椭圆形。幼虫长大后约21毫米，上半部红棕色、下半部黄白色，每个体节有数支刺。蛹自由悬挂，长约17毫米，表面带有警戒色，仿佛提醒其他生物勿轻易食用。

非常喜欢取食毛西番莲（俗称奥百香果）

喜出现在热带半落叶季雨林、热带常绿季雨林中

别名：不详 | **分布**：印度、斯里兰卡、缅甸、泰国、马来西亚、印度尼西亚，我国南海

| 菜粉蝶　▶ | 粉蝶科，粉蝶属 | *Pieris rapae* L. | Small white |

菜粉蝶

观察季节：春、夏、秋季，4~10月较常见

观察环境：潮湿向阳的溪边、灌丛、花丛

菜粉蝶性寒味苦，有较高药用价值，据《中国药用动物志》记载，它主治跌打损伤，有消肿止痛之功。

形态 菜粉蝶的体呈黑色，胸部密布着白色及灰黑色长毛。翅展45~55毫米，翅面白色，前翅前缘和基部大部分为黑色，前翅顶角处有一个大的三角形黑色斑点，中室的外侧有2个黑色的圆斑；后翅的基部呈灰黑色，前缘处有1个黑斑，前、后翅展开时与前翅后方的黑斑相连接。

习性 **活动**：飞行速度较缓慢，成虫喜欢在白昼强光下飞翔，且终日在花间飞舞。**食物**：宿主为十字花科、菊科、旋花科等9科植物；成虫喜访花，嗜食花粉、花蜜、植物汁液等。**栖境**：灌木丛中。**繁殖**：卵生，1年可发生多代，经历卵—幼虫—蛹—成虫四个阶段。卵初产时为淡黄色，后逐渐变为橙黄色，竖立在十字花科植物的叶背面；雌蝶每次产一粒卵，边飞边产，少则产20粒，多则产500粒；幼虫5龄，幼虫初为灰黄色，后为青绿色，食甘蓝、花椰菜、白菜、萝卜、油菜等十字花科蔬菜；蛹有绿色、淡褐色、灰黄色等，呈纺锤形，以蛹越冬。

为害十字花科蔬菜，尤以芥蓝、甘蓝、花椰菜等受害比较严重

| ▶ | 别名：菜白蝶 | 分布：北温带，美洲北部一直到印度北部以及我国大部 |

红襟粉蝶

观察季节：春、夏季

观察环境：草地、林地、河堤、沟渠、沼泽、铁道及郊野

红襟粉蝶的翅面颜色鲜艳，上面的云状斑纹十分漂亮，如花朵般在花丛中翩翩起舞，深得人们的喜爱。

后翅反面有淡绿色云状斑

形态 红襟粉蝶的翅面为白色，前翅的顶角处及脉端呈黑色或褐色，翅脉为黑色或褐色，将翅面分为几个翅室，各翅室端部有1个肾状的黑色斑点。雄蝶的前翅端部有一片橙红色区域，颜色鲜艳；雌蝶的翅面颜色基本全部为白色，前翅反面的端部有一小片白色区域，上面有淡绿色云状斑纹，后翅反面有许多淡绿色云状斑纹，且从正面可透视。

雄性的前翅端呈橙色，雌蝶则没有这个特征，全部为白色

习性 **活动**：飞行速度较缓慢，且飞行路线不规则。**食物**：宿主为十字花科的草甸碎米荠、蒜芥及其他野生十字花科植物；成虫喜访花，食花粉、花蜜、植物汁液等。**栖境**：灌木篱墙及湿润的草地上。**繁殖**：卵生，经历卵—幼虫—蛹—成虫四个阶段。雌蝶将卵产在宿主植物的花头上，卵开始时呈白色，后逐渐变为鲜橙色，孵化前变成深色；幼虫有绿色型和白色型，以油菜、碎米荠、山芥等植物为食，于初夏成蛹，以蛹越冬，于次年春天破蛹而出，有些成虫可以延后两年才破蛹而出，以确保可以在恶劣环境中生存。

别名：橙斑襟粉蝶 | **分布**：欧洲、日本、朝鲜和我国东北、西北、华北、长江中下游

橙红斑蚬蝶

观察季节：4月底成蝶飞出，5月中旬是赏蝶高峰期

观察环境：植物丰盛的温暖地带

橙红斑蚬蝶是一种欧洲的蝴蝶，多年来，它被称为"豹纹勃艮第公爵蚬蝶"，因为成虫身上的棋盘式图案特别像蛱蝶科的豹纹蝶。它1699年被首次命名，至今已更换了5次学名。

形态 橙红斑蚬蝶雄蝶翅展29~31毫米，雌蝶31~34毫米。翅膀的上半端有明显的棋盘式图案，特别像蛱蝶科中的豹纹蝶；但是它的翅膀形状却不同，翅反面的图案也不一样。

习性 **活动**：雌雄成虫表现出明显不同的行为模式。雄蝶领地意识强，守卫着有植物遮蔽却温暖的领地，为此常在空中发生壮观的打斗。雌蝶不喜欢炫耀美丽，爱游荡飞行。有时候，会飞到5千米以外的地方重新选定领地。**食物**：林地幼虫食用报春花，草原上的幼虫食用黄花九轮草；成虫吸食花蜜。**栖境**：过去被认为是林地蝴蝶，取食在斑驳阳光下生长的报春花的蜜，还有一些生活在白垩土、石灰石土壤的草原上。**繁殖**：卵产在寄主植物的叶片背面，数个一起（最多8个）或单独一个；卵球形，孵化前变成淡绿色；7~21天后孵化，取决于天气条件。毛毛虫共四龄，持续约4周。蛹很短，只有9毫米长，常结在密草丛中或地面上；蛹期9个月，4月下旬破蛹而出，羽化为成虫。

后翅反面有白色点状斑纹

▶ 别名：豹纹勃艮第公爵蚬蝶 | 分布：从西班牙、英国、瑞典到巴尔干半岛

伊眼灰蝶

观察季节：*夏季，6～9月较常见*

观察环境：*草地、海岸沙丘以及林间的空地*

伊眼灰蝶翅面上密布着蓝色鳞片，在阳光的照射下闪闪发光。

雄蝶前、后翅的翅面为蓝色，上面没有斑纹，但密布着蓝色鳞片，两翅翅边都长有白色绒毛

形态 雌、雄两性伊眼灰蝶的颜色与斑纹差异较大，雄蝶的头、胸、腹部为黑色，上面密布蓝色长绒毛，触角细长，上面有黑白相间的斑马纹，顶端为黑色棒状。雌蝶的头、胸、腹部为黑色，上面有黑色和蓝色绒毛，触角细长，上面有黑白相间的斑马纹，顶端呈棒状，颜色为黑色和蓝色；两翅的亚外缘处都有一列斑点，为橘红色或橘黄色，排列整齐，基本上每个翅室有一个。

习性 **活动**：飞行速度较快，飞翔迅速，喜欢在阳光下欢快地起舞。**食物**：幼虫常以豆科植物为宿主，包括山黧豆属、蚕豆属、野豌豆、百脉根、红三叶、黄芪、苜蓿、白三叶等；成虫喜访花，食花粉、花蜜、植物汁液等，也食动物粪便。**栖境**：草地、海岸沙丘及林间空地。**繁殖**：卵生，经历卵—幼虫—蛹—成虫四个阶段。幼虫分为5龄，常以豆科植物为食，以幼虫越冬。

两翅的翅边都长有暗褐色的绒毛

前、后翅的翅面为棕褐色，上面密布着蓝色鳞片

小赭弄蝶

观察季节：夏季，6~9月较常见
观察环境：丛林中

　　小赭弄蝶的翅面上多为金黄色的透明斑纹，非常漂亮，而其主要具有环保与生态的用途。

雄蝶前翅翅面为褐色，雌蝶则为黑褐色

形态 小赭弄蝶的身体为黑色，且腹面上长有黄色的绒毛。雄蝶前翅的翅面为褐色，外缘为黑褐色斑带，较宽，中室下侧有纺锤形的黑色性标；后翅的翅面呈褐色，边缘为黑褐色斑带，中域有一块阴影状暗色斑点。前翅反面沿外缘处的宽斑带为黄褐色，翅脉为黑色；后翅反面为黄褐色，中域有一个浅黄色斑点。雌蝶前翅的翅面呈黑褐色，上面有黄色斑点，亚顶角区有一列斑点，倾斜排列，大致为长方形，部分重叠；后翅的翅面为黑褐色，中室有模糊斑点，亚外缘区的各翅室都有一个黄色斑点，排成弧形；前翅的反面沿前缘和外缘处密布着黄褐色鳞片，斑纹与正面相同；后翅反面为黄褐色，斑纹为浅黄色。

习性 **活动**：飞行速度较快，喜欢跳跃飞行。**食物**：通常以禾本科植物为宿主，成虫喜访花，食花粉、花蜜、植物汁液等。**栖境**：通常生活在丛林中。**繁殖**：卵生，一年仅发生一代，经历卵—幼虫—蛹—成虫四个阶段。雌蝶常将卵散产于宿主植物的叶面上，形状为半圆球形；幼虫分为5龄，通常喜欢莎草科的植物，并以此为食，大多以2龄幼虫越冬。

成虫常落在植物叶片上

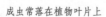

别名：不详 | **分布**：俄罗斯、东北亚和我国东北、西北、华北、川藏、江西、福建

小豆长喙天蛾

观察季节：春、夏、秋季，5～9月较常见

观察环境：林场、花丛

小豆长喙天蛾是昆虫界有名的"四不像"，它像蝶，口器是长长的喙管，且有尖端膨大的触角，有与蝶一样色彩缤纷、美丽炫目的翅膀；它又像蜜蜂，常在百花丛中采食花蜜，并发出嗡嗡声响。

吸食时由头下部伸出长喙，吸取花粉

形态 小豆长喙天蛾前翅狭长，翅长22～25毫米，翅展48～50毫米，前翅内线及中线弯曲棕色，外线不明显，中室存在一黑小斑，缘毛棕黄色，后翅短小橙黄色，基部及外缘有暗褐色条带；一对触角长11毫米；下唇须及胸部腹面白色；体翅暗灰褐色；腹部暗灰色，两侧有白色及黑色斑；尾毛棕黑色扩散为刷状。

采花却不携带花粉，能采蜜却不能酿蜜

习性 **活动**：在阳光充足的白天中午前后，成虫会出来觅食。飞行速度快，常成双成对出现，或前或后或并排飞行，盘旋飞翔时既能前进也能后退。**食物**：幼虫主要以豆科及中药植物为食，成虫吸食花蜜，常在百日草、一串红、大丽花、万寿菊、翠菊等花朵上吸取花粉。**栖境**：常生活在我国的华北、华南、华东地区的树林、花丛等植被较茂盛的地方。**繁殖**：一年繁殖一代；成虫7～8月会在幼嫩的叶柄及果穗的分叉处产卵，卵为圆形；幼虫分为初龄、2龄、3龄、4龄及老龄幼虫；老熟幼虫于适宜处结裸茧预蛹，经48～60小时化蛹；蛹再羽化为成虫。

像南美洲的蜂鸟，取食时时而在花间盘旋，时而在花前疾驰，与蜂鸟非常相似，又被称为"蜂鸟蛾"

▶ **别名**：蜂鸟蛾、鸟蝶蛾 | **分布**：美国南方地区，我国华北、华南、华东地区

小豆长喙天蛾

| 红天蛾 ▶ | 天蛾科，白腰天蛾属 | *Deilephila elpenor* L. | Elephant hawk–moth |

红天蛾

观察季节：夏、秋季，6～9月较常见

观察环境：树冠阴处、建筑物

红天蛾的体、翅以红色为主，有红绿色闪光，后翅也为红色，而且翅反面颜色更为鲜艳，所以被称为"红天蛾"。

头部两侧及背部有两条纵行的红色带

形态 红天蛾的头部两侧及背部有两条纵行的红色带；腹部第一节两侧有黑斑点缀，背线红色，两侧黄绿色，外侧红色；前翅基部黑色，前缘及外横线、亚外缘线、外缘及缘毛都为暗红色，外横线靠近顶角处是比较细的，向后会变得越来越粗，中室存在一白色小点；后翅红色，前缘黄色，靠近基部黑色，翅的反面颜色比较鲜艳。成虫体长33～40毫米，翅展55～70毫米。

习性 **活动**：红天蛾成虫有趋光性，白天躲在树冠阴处和建筑物等处，黄昏或傍晚出来活动。**食物**：幼虫主要以半夏为食，成虫吸食花蜜。**栖境**：常生活在树冠阴处和建筑物等处。**繁殖**：一年繁殖两代；卵扁圆形，初产时鲜绿色，孵化前淡褐色，卵期约8天；卵常产在花卉的嫩梢及叶片端部，多数产于叶片背部，少数产在叶面，一叶只产一粒；幼虫分为5龄，多在早晨蜕皮；幼虫老熟后，吐丝卷叶筑成蛹室，2～5天预蛹后蜕皮化蛹；蛹在土表下蛹室中越冬，翌年4月下旬开始羽化。

以半夏、凤仙花、柳兰、忍冬、秋兰、茜草科、柳叶菜科、草花类、葡萄等为寄主

腹部背线及外侧均为红色，两侧黄绿色

| ▶ | 别名：红夕天蛾 | 分布：朝鲜、日本、英国、爱尔兰及我国黑龙江、浙江、云贵川 |

椴天蛾

观察季节：热带地区一年四季，温带的
春、夏、秋季

观察环境：森林、植被较丰富的地区，
尤其以阔叶林为主

椴天蛾给人的整体感觉是浅浅的黄色上
点缀着棕绿色，像身穿迷彩服的特种兵。它喜欢
在桦树上活动，有时停在桦树上，和桦树的颜色相
近，不容易被发现。

全身毛茸茸的，
腹部大且粗圆

形态 椴天蛾翅展70～80毫米，前翅较长，背面为粉色或浅黄色，直到后臀尖颜色
才有些偏暗；前翅上有一块或两块斑，颜色为深绿色或棕色，当两块斑较大时看
上去更像是一个条带横穿在前翅的中央；后翅为青白色或浅棕色。雄性和雌性差
别较大，雄性较小但较为粗壮，前翅的颜色为棕色，雌性的常为绿色；雌性的腹
部较直且比较肥大，雄性的较弯曲且细长。

习性 **活动：**成虫常在五六月份的夜间飞行，有趋光性，常在桦树上活动，有时停
留在桦树上。**食物：**幼虫主要以椴树为食，也以其他树种为食，如灌木等。**栖境：**
森林和植被较为发达地带，尤喜以阔叶林为主的森林，以桤木、赤杨、桦树、桑
树、橡树、榆树及椴树属植物、李属植物等为宿主。**繁殖：**雌性与雄性交配产卵后
雌性的腹部会变得更粗壮肥大，产
卵经过一段时间后孵化为幼虫；幼
虫绿色，点缀着黄色或红色，长
有蓝色的角；快要化蛹时，幼虫
颜色变为紫灰色，然后以蛹的形
式在寄生树木下的土壤中越冬，
然后羽化为成虫。

翅缘不规则，像被烧
出来的缺刻

珍珠梅斑蛾 ▶ | 斑蛾科，斑蛾属 | *Zygaena filipendulae* L. | Six-spot burnet

珍珠梅斑蛾

观察季节：春、夏、秋季，6~8月较常见

观察环境：炎热、阳光明媚的花丛中，主要在黑矢车菊、轮峰菊上

珍珠梅斑蛾的翅膀十分美丽，翅展3~4厘米，前翅为深金属绿色，阳光照在上面时会闪闪发光，上面闪动着6个生动艳丽的红色斑点，正因这六个耀眼的斑点，人们称它为"六星灯蛾"。

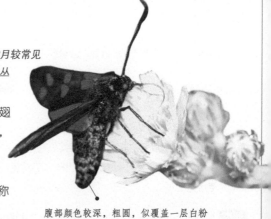

腹部颜色较深，粗圆，似覆盖一层白粉

形态 六星灯蛾的雌蛾与雄蛾的外观非常相似，有一对长长的黑色触角；前翅较长，为深金属绿色，并在阳光下闪光，其上有6个很明显的红色圆斑，有一些斑点是黄色或黑色，还有一些种类的前翅上只存在五个圆斑，其中两个连在一起；腹部颜色较深；后翅较短，红色，边缘黑色。

习性 **活动：**珍珠梅斑蛾与其他蛾类不同，是一种日间飞行的天蛾，其成虫常在6~8月的炎热、阳光明媚的日子里在花丛中飞行。**食物：**成虫以多种花为食，尤喜黑矢车菊、山萝卜及轮峰菊，幼虫以百脉根及三叶草为食。**栖境：**常生活在草地、海滩戈壁及草、花丰富的区域，直到海拔2000米处。**繁殖：**雌性与雄性交配后产卵，卵经一段时间发育成幼虫；幼虫略胖，多为浅黄色，带有明显的黑色或绿色斑点，一般幼虫越冬；幼虫常在合适的叶子上结茧成蛹，茧非常薄，最后由蛹羽化为成虫。

触角前端弯曲

长相与五星灯蛾十分相似

飞行时翅膀展开，停息时翅膀覆盖在腹部上

▶ **别名：**六星灯蛾 | **分布：**主要见于欧洲大陆

红裙花斑蛾

观察季节：春、夏、秋季，6～9月较常见

观察环境：树林、草丛、田间、花丛等植被茂盛的地方

红裙花斑蛾最迷人的当属它那双大大的翅膀了，当它静伏于植物上时，翅收拢覆盖在腹部，感觉就像是一个穿着红花裙子的小精灵，魅力四射，故被人们称作"红裙花斑蛾"。

形态 红裙花斑蛾体型中等，身体黑色，翅展30～35毫米。头部较小，头顶被黑色毛；触角一对，黑色，又粗又大，前端膨大为片状；胸部几乎呈倒三角形，覆盖着黑色毛，有些个体在头部与胸部交界处有白色毛。翅膀宽大，黑色，具橘红色斑块，翅基橘红色，翅面中间的三块花斑整齐地排列成一个三角形。足白色或黑色。

触角顶端变粗，给人力量感

习性 **活动**：每年七八月常在花间活动，飞行能力强，可在空中盘旋，也可以静息在植物上。**食物**：成虫以豆科和蝶形花科植物的花蜜为食；幼虫以莲类植物如百脉根等，以及驴豆属植物，如红豆草为食。**栖境**：生活在阳光充足的石灰岩草原、荒地、干旱的牧场、低矮的树林中，例如欧洲南部的矮林中，但繁殖期只能生活在欧洲中部的东南和西南部。**繁殖**：雌雄交配后产卵；卵通常为聚产，长椭圆形，浅黄色，经一段时间孵化为幼虫；幼虫初为乳白色，逐渐变为绿色，大部分只能生活在欧洲中部的环境中，以幼虫越冬；老熟幼虫大部分在地面上的垃圾附近结茧化蛹，小部分在秸秆上化蛹，次年6月蛹羽化为成虫。

翅膀黑色，具红斑，可谓"黑裙红斑蛾"

别名：不详 | **分布**：欧洲大部分地区，除了斯堪的纳维亚半岛的北部

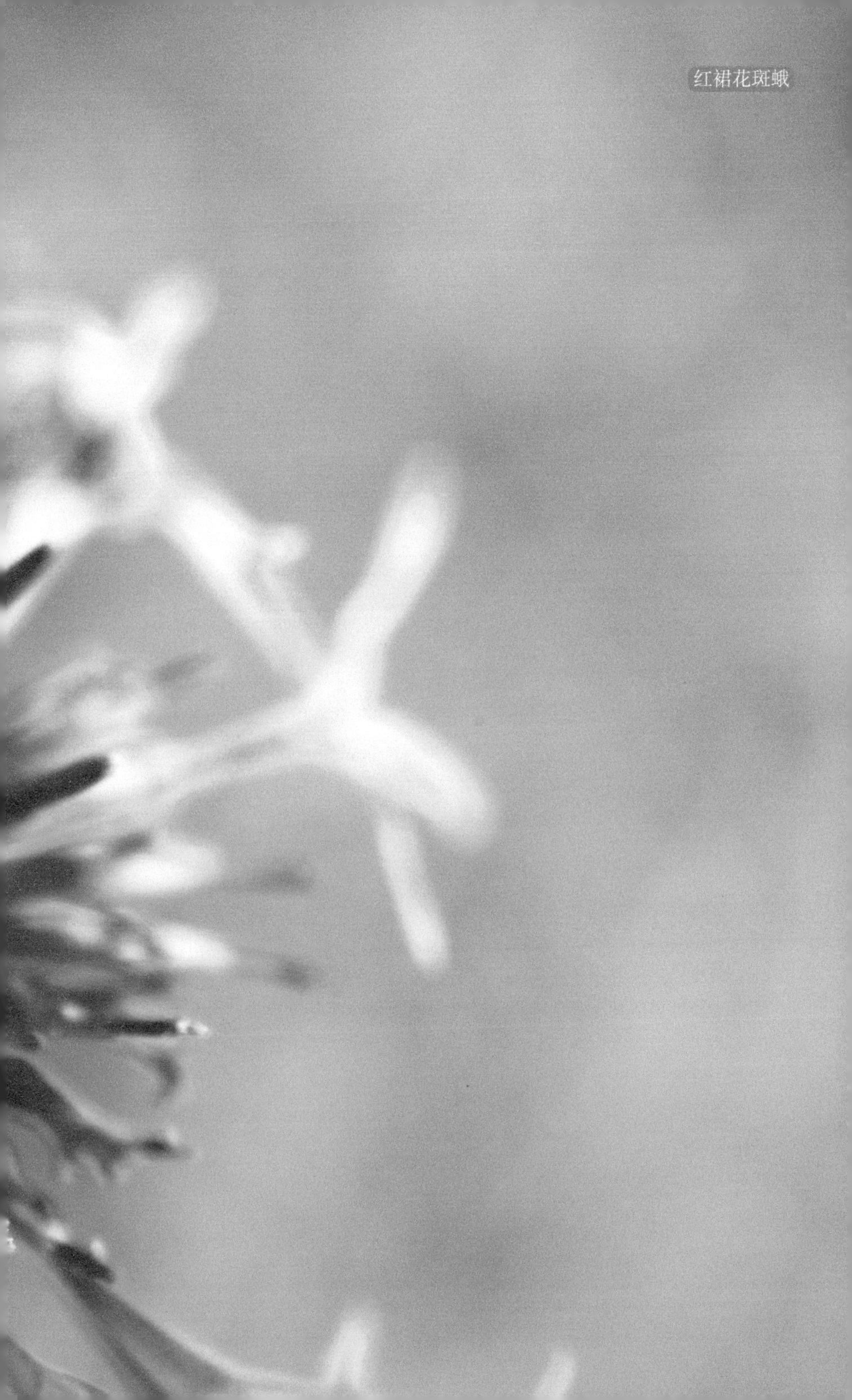
红裙花斑蛾

一点燕蛾 ▶ | 燕蛾科，小燕蛾属 | *Micronia aculeate* Guenée | Unknown

一点燕蛾

观察季节：春、夏、秋季

观察环境：山区、生态环境较为原始的森林

一点燕蛾静静地停栖在绿叶上时，衬托得越发白净，生动立体、美不胜收；当它优雅地展开翅膀时，像是一名仙子在翩翩起舞。因翅的末端各有一黑色圆斑，所以它被称为"一点燕蛾"，主要分布于中低海拔的山区，数量极其稀少，尤其在国内。

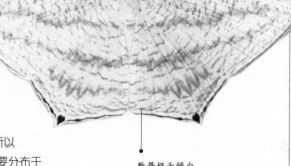

数量极为稀少，停栖时爱展开翅膀

形态 一点燕蛾体型中等，比较匀称。触角一对，又细又尖；头、胸及腹部均为白色，且有淡淡的暗褐色条纹。翅展42～50毫米，翅面几乎全部为白色，也有的为半透明；前翅密集分布着暗褐色的横向细纹，中央有前、中、后3条灰紫色的横带，并不明显，近外缘的横纹呈现波浪状；后翅上存在着暗褐色的横向条纹，与前翅有些相似，翅的边缘也分布着暗褐色的细纹。后翅具尾突，内各有一枚黑色圆斑。

习性 **活动**：常在植被茂盛的地方活动，白昼飞行，息时展翅，可以十分清楚地看见3条灰褐色的横带。**食物**：以干果榄仁、番龙眼及肉豆蔻科、藤黄科、番荔枝科、山榄科、天料木科、使君子科、楝科等树种为宿主，主要以植物的叶片为食。**栖境**：热带季雨林、山地雨林、半常绿季雨林、落叶季雨林、石灰岩山季雨林，海拔500～1100米的地段；喜欢生态环境复杂，植被破坏较少，较为原始的森林、山区等。**繁殖**：一生经历四个阶段：卵、幼虫、蛹、成虫；雌雄交配后产卵，常将卵产在植物表面，聚产或散产，经一段时间后发育为幼虫，老熟幼虫结茧化蛹，最后羽化为成虫。

▶ | **别名**：不详 | **分布**：印度、斯里兰卡、我国西双版纳的热带雨林及季雨林带

中华蜜蜂

翅两对，前翅和后翅分别着生在中胸
和后胸背板两侧，翅上有网状翅脉

观察季节： *一年四季*

观察环境： *杂木树为主的森林、农业区、山区*

中华蜜蜂是我国特有的蜜蜂品种，有7000万年
的进化史，传统农业的传粉主要靠它来完成，可以说
是许多植物繁衍生存的大功臣。它是名副其实的采蜜高
手，可以利用零星的蜜源植物，使许多植物能够繁衍下来。

形态 中华蜜蜂躯体较小，工蜂10～13毫米，雄蜂11～13.5毫
米，蜂王13～16毫米。头胸部黑色，腹部黄黑色，全身被黄褐
色绒毛，在部分体节上着生成对的附肢。工蜂腹部颜色有区域差
异，有的较黄，有的偏黑。蜂王有两种体色：一种腹节有明显的褐黄
环，腹部呈暗褐色；另一种腹节无明显褐黄环，腹部呈黑色。雄蜂一般为黑色。

习性 **活动：** 出勤早收工晚，夏秋季有在清晨和黄昏进行突击采蜜的特殊习性。喜
欢迁飞，在缺蜜源或受病敌害威胁时容易弃巢迁居。分工明确，工蜂采集花粉，吸
吮花蜜，酿造蜂蜜，储藏蜂粮；雄蜂与蜂王交配，繁殖后代；蜂王繁殖后代。天敌
是胡蜂、意大利蜂。飞行灵活敏捷，善于躲避
胡蜂的危害。**食物：** 以花粉、花蜜为食。

栖境： 由南向北跨越了热带、亚热带、
暖温带、中温带及寒温带 5个气候
带。**繁殖：** 中华蜜蜂一生经历四
个阶段：卵、幼虫、蛹和成虫。
蜂王在飞翔中与雄蜂交尾，蜂王
可以与10只或更多的雄蜂交配，
一生交尾1次或数次，时间较固
定，交尾后将精子储存在受精囊
内，交尾2～3天后即开始产卵，
雄蜂交配后即死亡，卵期为3天；
然后卵孵化为幼虫，幼虫期为8天，
幼虫需成虫喂食才得以发育；幼虫
以老熟幼虫结茧化蛹，最后蛹羽化为
成虫。

足三对，大小
和形状均不同

西方蜜蜂

观察季节： 一年四季

观察环境： 农业区、花丛

　　西方蜜蜂的种名*Apis mellifera*有"带有蜜糖"的意思，但卡尔·林奈发现蜜糖其实是由蜜蜂制造的，所以想更正为mellifica，即"制造蜜糖"。不过《国际动物命名法规》规定首先命名的学名才有效，以至于后来沿用了前者。

采集能力较弱，善于采集时间长的蜜源，且采集时间短

双腿上沾满采到的蜜

形态 西方蜜蜂亚种众多，形态差异很大。工蜂长12～14毫米，淡黄色，第6腹节背板上没有绒毛带，喙长5.5～7.2毫米，唇基一色没有斑点，前翅长8.0～9.5毫米，后翅中脉不分叉。蜂王长16～17毫米，橘黄至淡棕色，生殖道口有瓣膜突。雄蜂全身均为黄色，且有黑斑。

习性 **活动：** 飞行能力较中华蜜蜂弱，难躲避胡蜂的杀害；飞行路线不固定，常由食物所在地而定。雄蜂与蜂王交配，蜂王繁殖后代。**食物：** 以花粉、花蜜为食。**栖境：** 西方蜜蜂常将巢筑在温度较高的区域，蜂巢内一般温度为35摄氏度，这也是产蜂蜡的最佳温度，外缘温度随外界环境而改变。**繁殖：** 一生经历四个阶段：卵、幼虫、蛹和成虫；蜂王与每只雄蜂交尾1次或数次，时间较为固定，交尾过后雄蜂死亡；交尾2～3天后蜂王即产卵，卵期为3天；然后卵孵化为幼虫，幼虫需成虫喂食才得以发育；幼虫以老熟幼虫结茧化蛹，最后蛹羽化为成虫。

工蜂负责采集花粉，吸吮花蜜，酿造蜂蜜，储藏蜂粮

小蜜蜂

观察季节：北纬26°40′以南地区的春、夏、秋季

观察环境：草丛、灌木丛

　　小蜜蜂体型较小，分布范围较广，有着独特的形态、觅食行为和防御机制，当受到天敌攻击时，会发出流水般的声音，与其他蜜蜂很不同。它喜欢安静优雅的环境，常在比较隐秘的地方筑巢，如草丛、灌木丛等，再加上体型小的特点，常被人们称作"小草蜂"。

胸部有密密的绒毛

形态 小蜜蜂的工蜂体型细短，体长7~10毫米，体表呈黑色；腹部第1~2节背板红褐色，前翅长7.5~8毫米，宽2.1~2.3毫米，可伸出一支脉芽；后翅长5.5~6毫米，宽2.1~2.3毫米，具有翅钩；后足长7~7.2毫米。蜂王长13~15毫米，腹部第1~2节背板、第3节背板基半部及第3~5节背板端缘均为红褐色，其余部位黑色。

习性 **活动**：飞行迅速，十分敏捷，飞行路线由食物所在地而定。**食物**：蜂蜜、花粉、花蜜，蜂王以蜂王浆为食。**栖境**：海拔1900米以下，年均温度15~22℃，降雨量1000~1600毫米的河谷、盆地边缘、半山坡、耕地区和村寨周围的次生灌木丛及杂草丛中，相对湿度常在50%以上，少霜、少风。**繁殖**：每年2月蜂王开始产卵，3月初培育雄蜂；6~8月由于温度过高，蜂王产卵量少；9~12月有一个繁殖期；12~翌年1月停止产卵。工蜂生命周期为6~41天，平均16.5天。

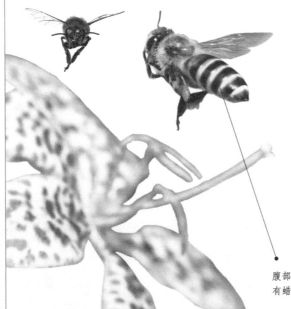

腹部黄黑相见，光滑闪光，有蜡质感

别名：小草蜂、小蒿蜂 | **分布**：泰国、缅甸、越南，我国云南南部

熊蜂王

观察季节：温带地区的春、夏、秋季，4~5月较常见

观察环境：农业区、牧场、花丛等

熊蜂王飞行速度较慢，看上去比较笨拙，从腹部垂直看上去长得与狗熊有些相像，再加上行动起来笨拙如狗熊的特点，故被人们称作"熊蜂王"。

除翅膀外全身上下被绒毛

形态 熊蜂王雌蜂体长20~22毫米，雄蜂14~16毫米，工蜂11~17毫米。吻较长，唇基隆起，颚眼距明显，第1亚缘室被斜脉分割，胸部长2.3~6.6毫米。工蜂的腹部末端为白色且带有淡黄色条带，雌蜂和工蜂后胫有花粉篮，胫节外侧光滑、边缘具长毛。雄蜂阳茎基腹铗和刺缘突突出或明显超过生殖突基节。

习性 **活动**：飞行速度较慢，动作较为迟缓笨拙。分工明确：雌蜂越冬后开始寻找建筑蜂房的地点，采粉，繁殖。工蜂清理巢房，储备蜂粮，调节巢房温度并与雌蜂共同照料子蜂。雄蜂专门负责交配，交配后几天即死亡。**食物**：以花粉、花蜜为食。**栖境**：温带地区，在地下筑巢或找废弃鸟巢、鼠洞栖身。**繁殖**：一个蜂巢只有一只蜂后，一只蜂后只与一只雄蜂交尾，这与其他蜜蜂不同；蜂后越冬后在合适处产卵，雄蜂由蜂后所产的未受精卵发育而成；初秋时蜂后停止产卵。

看起来"行动迟缓"，但能为温室蔬菜传粉，且采集能力强，对蜜源的利用率高，可谓农业发展的大功臣

长相似蜜蜂，但个体大，周身布满绒毛，绒毛颜色为黄色和黑色相间

别名：不详 | **分布**：近东、地中海地区、南非及我国新疆、东北地区、青海、西藏

长角蜂

观察季节：春、夏、秋季较容易观察，冬季较难

观察环境：花丛、农业发达地区，尤其以豆科植物种植为主的农业区

长角蜂雌蜂的触角并不长，雄蜂的触角则很长——几乎与身体长度相等。它喜欢在中午炙热的太阳下飞舞，另外它十分喜欢在土中筑巢，且建得相当隐蔽，不经意是很难发现的——如果你在地面上看到了很多小洞，那有可能是长角蜂的巢哦。

雌性触角较长

常在土中筑巢，入口处常有被挖出的土壤

既能采花又能酿蜜，很少休息

翅透明、翅痣及翅脉黑褐至褐色

形态 长角蜂体长13～15毫米，身体黑色，被黄色毛。雌蜂的上唇、唇基的颜色同触角窝、颊及胸侧一样为灰黄色，雄性则被黄色毛。中胸背板刻点密且粗大；腹部第1～3节背板端缘两侧有灰白色短毛组成的斑，第4节背板端缘为灰白色毛带，第5～6节背板被黑褐色毛，第1～4节背板端缘为整齐的褐色毛，背板刻点细密；雌性的后足腿节下表面具脊状突，雄性后足基跗节弯。

习性 **活动：**喜欢在阳光明媚的中午出没，非常勤劳，几乎一整天都在忙着采蜜，授粉。**食物：**宿主为豆科植物，喜食花粉、花蜜。**栖境：**常生活在花丛、树丛等植被茂盛的地方，尤其是豆科植物种植区。**繁殖：**一生经历四个阶段：卵、幼虫、蛹和成虫。蜂王与每只雄蜂交尾1次或数次，交尾过后雄蜂死亡；蜂王产卵，卵期约3天；然后卵孵化为幼虫，幼虫需成虫喂食才得以发育；幼虫以老熟幼虫结茧化蛹，最后蛹羽化为成虫。

▶ **别名：**长角长须蜂 | **分布：**西伯利亚及我国黑龙江、吉林、甘肃、河北、北京、四川

| 大蜂虻 ▶ | 蜂虻科，蜂虻属 | *Bombylius major* L. | Large bee-fly |

大蜂虻

观察季节：欧洲、北美及亚洲大部分地区的4～7月

观察环境：有阳光和草的花丛

大蜂虻浑身被光泽鲜亮的绒毛或鳞片，看上去十分艳丽，又与蜜蜂有些相似，让人不禁想到"锋芒毕露"这个成语。

形态 大蜂虻体型大到中型，成虫体长为14～18毫米，少数可达到40毫米。头的前端有长长的喙及触角，触角短且尖；前胸为黑色，长有棕黄或白色绒毛，绒毛光泽十分鲜亮；翅展24厘米，前翅较长且带有黑色斑点，斑点常为纤细的鳞片形成，色彩艳丽且有各种形状；腿又细又长，被有细密的绒毛且带有黑色的斑点。

习性 **活动**：飞行迅速，动作敏捷，能在空中停留，当其在空中徘徊时常发出尖锐的蜂鸣声。**食物**：成虫头部前端有长长的喙，常吸取花粉或花蜜；幼虫营寄生生活，寄生在蚜虫、叶蝉及鳞翅目、膜翅目的幼虫（如独自栖息的胡蜂等）处。**栖境**：常生活在阳光充沛的花丛、草丛中或沙滩戈壁上。**繁殖**：没有自己的巢，雌性的卵不是产在自己的巢中，而是产在胡蜂或独居蜂的巢的入口处；幼虫孵化后营寄生生活，会以一定方式进入到巢中，以蛴螬或新生的寄主为食。雌性产卵量较大，如果不能将卵产到寄主的巢处，雌性会把卵产在寄主喜欢采集的植物上，以便后来幼虫的寄生。

成虫长相类似蜜蜂，身体粗壮结实，被细密绒毛或鳞片

成虫吸食最多的是报春花的花粉

| ▶ | 别名：长吻蜂虻 | 分布：亚洲、欧洲、北美洲及我国青海、河南、甘肃及祁连山 |

花黄斑蜂

观察季节：温带地区春、夏、秋季

观察环境：农场附近、植物较丰富的地带

花黄斑蜂长得看上去比较壮实，给人一种"矮粗胖"的感觉，身体为黑色，带有黄斑，头顶和颊部被有黄色毛，黑黑的足上也长有一些黄色绒毛，所以整体看上去就是在黑黑的身体不同部位点缀着黄色的花斑，又被人们称为"花黄斑蜂"。

形态 花黄斑蜂成虫雌性体长12～13毫米，雄性体长15～18毫米，身体黑色，具黄斑。雄性身体上黄斑比雌性少。头近似方形，颅顶端缘凹宽，刻点细密，颊及颅顶被黄色毛；小盾片新月形，中胸背板及小盾片刻点粗大，中胸侧板被灰黄色毛，中胸背板基缘部毛为黄色；腹部第1～5节背板基部2/3刻点大而稀，端缘1/3密而小；腹部第5～6节背板侧缘各具有1个齿突，第六节背板端缘呈小锯齿状，腹毛刷为白色。翅为褐色，前缘颜色较深。体毛少。足部胫节被浅黄色毛。

习性 **活动**：常在苜蓿及其他豆科植物开花时活动较为频繁，采花时可同时采集花粉和吸食花蜜。**食物**：以苜蓿及其他豆科植物、向日葵等为寄主，取食花粉、花蜜。**栖境**：成虫常在中低海拔地区的农场、花园等植被丰富、茂盛的地方生活，筑巢地点多样，可在砂石、土壤、植物茎秆中筑巢，多使用上颚，常携带叶片放入巢内。**繁殖**：一生经历四个阶段：卵、幼虫、蛹和成虫，一年繁殖1～2代。蜂王一生交尾1次或数次，交尾过后雄蜂死亡，蜂王开始产卵，一个生活周期产30～40粒卵，卵期2～3天；卵孵化为幼虫，取食巢室内蜂粮发育成长，历时约14天；老熟幼虫结茧化蛹，5～7天后蛹羽化为成虫。

当雌蜂落在花蕊上时，口器插入花朵基部的蜜腺处吸食花蜜，腹部贴近花蕊并用中足和后足迅速刮刷雄蕊，将大量花粉收集到腹毛刷上

采花行为持续2～4分钟，采花过程中腹毛刷及体毛的花粉传播到其他个体的柱头上，达到为花传粉的目的

▶ **别名**：不详 | **分布**：俄罗斯（西伯利亚）及我国的新疆、甘肃、内蒙古

| 大黄蜂 ▶ | 胡蜂科，黄胡蜂属 | *Vespula squamosa* Drury | Southern yellow jacket |

大黄蜂

观察季节： 温带和热带的一年四季

观察环境： 庭院、公园、路边、松树林、阔叶林

大黄蜂是世界上个头最大的蜂类，蜜蜂甚至螳螂这样强大的肉食昆虫都无法与它相比。它对敌人残酷无情，针刺超长，达到6.35毫米，其毒液是一种腐蚀力极强的酶，能够分解人体组织，就连10只蜜蜂也绝不是一只大黄蜂的对手。

形态 大黄蜂体型较大，全身带有黄色条纹，茸毛较短。成虫有头部、胸部、腹部、三对脚和一对触角。口器为嚼吸式，较发达。触角具12节或13节。上颚较粗壮。翅膀与蜜蜂的相比较短小。雄蜂腹部7节，无蜇针。雌蜂腹部6节，末端有由产卵器形成的蜇针。足较长。

习性 **活动：** 飞行迅速，攻击力强。**食物：** 昆虫和动物的尸体，尤其以节肢动物的尸体为主，如蜘蛛、毛毛虫等。**栖境：** 温带和热带的公园、路边、松树林、阔叶林等人工环境中，常在地下筑巢，也筑在墙上，巢非常大且具有很多层次。**繁殖：** 蜂后五月底六月初产卵，卵孵化出的幼虫由工蜂负责喂食，食物主要是其他小虫。幼虫发育成熟后身体变为明黄色，接着在穴口封上一层薄茧并化成蛹，等到羽化为成虫后就破茧而出——从卵到羽化仅需2~3周。

一般不攻击人，可一旦被它用毒针刺中，就会极度疼痛，被刺中者如果得不到及时治疗甚至会死亡

| ▶ | 别名：胡蜂 | 分布：美国东部、墨西哥、拉丁美洲南部、太平洋东部及我国中部 |

造纸胡蜂

观察季节： 温带的春、夏、秋季

观察环境： 茂密的树林、森林、草原及一些人造的养殖环境

造纸胡蜂，顾名思义与造纸术有关。据说很多年前法国科学家发现它们可以从树木中提取出木纤维，经过胃部消化再吐出来变成纸，后来人们模仿研究，终于用木浆造出第一张纸，但比较粗糙，几经改进终于用木浆造纸术取代了当时盛行的破布造纸术并延续至今。后来，人们将当时教会人们造纸的蜂种定名为"造纸胡蜂"。

[形态] 造纸胡蜂身体粗壮，黄黑色，雄性翅展为9.5～13毫米，雌性翅展为8.5～12毫米。上颚黑色，带有黄斑。雌性单眼后面的头顶有一对小的黄色圆点，且有黄色逗点状的盾板。雄性腹部的斑点大小及形状随着其大小和分布的不同而不同，也用来决定它的阶级地位。

[习性] **活动：** 飞行速度较快，行动敏捷，常在过冬开春后筑巢，春季活动较为旺盛，常出现在植被茂盛的地方，夏季蜂群便会消失。**食物：** 多样性，如花粉、花蜜、树木等。**栖境：** 温带陆地型气候区，如茂密的树林、森林、草原及一些人造的养殖环境中及食物资源较丰富的地区。**繁殖：** 春天筑巢并产卵，先出生的雌蜂会作为工蜂继续筑巢，雄蜂后来出生，此时一些雌蜂会与雄蜂交配并离开蜂巢，在下一季成为新的蜂后。蜂群于夏季末消失，余下雄蜂及未来的蜂后聚集在一起过冬。

腹部黄底黑带，十分醒目

▶ **别名：** 柞蚕马蜂 | **分布：** 南欧大部分地区、北非、亚洲温带地区，包括我国

姬胡蜂　▶　胡蜂科，黄蜂属　│　*Dolichovespula maculate* L.　│　Bald–faced hornet

姬胡蜂

观察季节：*热带地区一年四季，温带地区的春、夏、秋季*

观察环境：*森林、农场*

　　姬胡蜂与小黄蜂类似，但身体较粗壮，黑白相间，头部为白色或带白斑，身体大部分黑色并有白色横纹，故又被人们称作"白斑蜂"或"白头蜂"。

形态 姬胡蜂身体较粗壮，黑白相间，体长为19毫米；触角一对，黑色，较长且较钝。头部白色或带有白斑。身体主要为黑色，有三条白色横条纹存在于末端。工蜂与蜂王的形态较为相似，但蜂王的身体较大且身上无毛，工蜂身上则覆盖一层短毛。

习性 **活动**：飞翔较为迅速、敏捷，有较强的攻击性，当人类等其他生物靠近时，会发起强烈的进攻。**食物**：成虫为肉食性，主要以昆虫、节肢动物、肉类为食，如蜘蛛等，也以树的汁液、花蜜、果肉，尤其是苹果果肉为食。**栖境**：常生活在北美洲的森林或城市中植被较为茂盛的地方，常将卵产在树林或灌木丛中，巢形类似蛋，外表呈纸状。**繁殖**：蜂王春天寻找合适的位置筑巢，开始产卵；工蜂先出生，继续筑巢，它们可以咀嚼、消化木纤维后与唾液混合产生木浆，待干燥后即为纸状结构的巢；工蜂寻找食物，以花蜜、树汁、果肉为食，并以昆虫、节肢动物喂养幼虫。夏末早秋，蜂王产下雄蜂及新的蜂后，蛹化后成熟的雌蜂和雄蜂交配，成熟的新蜂王越冬，老蜂王被工蜂杀死，雄蜂及工蜂在一个生命周期结束时死亡，新的蜂王进入下一个生命周期。

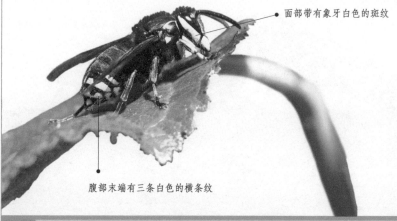

● 面部带有象牙白色的斑纹

腹部末端有三条白色的横条纹

▶　**别名**：白斑蜂、白头蜂　│　**分布**：北美地区，我国台湾

黄腰胡蜂

观察季节：热带地区一年四季，温带地区的春、夏、秋季

观察环境：农场附近，主要在棉花等作物上

黄腰胡蜂是一种十分凶猛的食肉性昆虫，在福建较常见，近来研究发现，它因生性凶猛可用来防治一些害虫，且对环境的副作用较小。

形态 黄腰胡蜂体型较大，体长20~25毫米，身上密布细刻点。上颚较粗壮，唇基部与额间有黑色横带，两侧缘黑色，前缘棕黑色，有2个叶状突起。头胸部有棕黑色细毛，前胸背板两肩角明显，两下角黑色，中胸背板黑色，有1中纵线；胸腹节黑色，雌性腹部6节，雄性腹部7节，长卵圆形，第1、2节背板均为黄色，第3~6节背板和腹板均黑色。腹部末端背腹板之间具一能伸缩的蜇针。各足棕黑色。

习性 **活动：**飞行迅速、敏捷，可在空中盘旋、徘徊，也可以停在植物上，在树林、果园处活动、取食。**食物：**其他昆虫的成虫或幼虫，也可吸取橡树的汁液和果汁。**栖境：**生活在北半球中高海拔地区的山间、农场、果园；4~5月间，筑巢于山间土穴、石穴中。**繁殖：**每年4月上旬温度达到15℃以上时越冬的雌蜂出蛰，经过数周活动后5月上旬开始单独觅处筑巢产卵，6月上旬第一代工蜂出房，11月上旬雄蜂少量出现，11月中旬雄蜂数量开始增多，与雌蜂交尾后于12月上旬入蛰，受精雌蜂选择温暖、避风的场所结团越冬。

腹部为黄色，非常显眼，容易识别，故得名

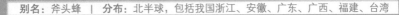

黄腰胡蜂

欧洲狼蜂

观察季节： 热带的一年四季，温带的春、夏、秋季
观察环境： 农场、森林等植被较茂盛的地方

　　欧洲狼蜂是独居蜂，虽然名叫"狼蜂"，听起来应该是肉食性的，但其成虫是草食性的。

雌蜂的眼睛后部有棕色块

受精的雌蜂专门捕食西方蜜蜂，将瘫痪的猎物置于巢中的卵旁边，待卵孵化为幼虫后，吃这些西方蜜蜂

形态 欧洲狼蜂体型较小，喙较长，位于头部的前端。一对触角比较短小，不容易辨别。头一般为棕褐色，胸部为棕褐色或黑色，其上有较少的绒毛，绒毛一般为白色。腹部一般为黄色，光滑无毛，部分带有黑色的条纹。翅较短较窄，为黑色或棕黄色透明膜状。足三对，分节，一般为黄色。

习性 **活动：** 身体矫健，飞行敏捷、迅速。分工明确：工蜂采集花粉，吸吮花蜜，储藏蜂粮，喂养幼虫；雄蜂与蜂王交配，繁殖后代；蜂王繁殖后代。**食物：** 草食性，以花蜜、花粉为主。**栖境：** 生活在干旱、多沙的区域，如英国的怀特岛和萨克福郡等。**繁殖：** 蜂王与每只雄蜂交尾1次或数次，时间较固定，交尾后雄蜂死亡，交尾2～3天后蜂王即开始产卵，经过一段时间后，卵孵化为幼虫；幼虫以工蜂捕捉来的西方蜜蜂为食，经一段时间后成蛹，蛹最后羽化为成虫。

腹部黄黑相间，黄色条较宽

20世纪80年代以前曾被认为是非常稀少的蜂种类，但此后数量与分布范围大增

▶　别名：不详　|　分布：欧洲、北美

沙蜂

观察季节：热带地区一年四季，温带地区的春、夏、秋季

观察环境：阳光明媚时的沙土中或表面

沙蜂是一种独居蜂，喜欢在夏季阳光明媚的沙地中出没，捕食毛毛虫作为美食；另外，它的巢穴是在石头或土壤中建的，上面常会覆盖一层沙土；故被人们称为"沙蜂"。

捕食毛毛虫，极少数情况下会捕食自己的幼虫

形态 沙蜂体长15～25毫米，体壮，除了尾部的前半部为橘黄色外，身体大致呈黑色，带有白、黄或绿色的斑纹。上唇延长，为三角形，口器喙状。腰部细长，且分为两节。前翅的第三个靠近边缘的翅室与其前端的翅室紧密相连。腹部后方有蓝色金属光泽。

习性 **活动**：行动迅速，飞行敏捷，飞行路线按照食物所在地而定；常储备食物，在阳光充沛的日子出来捕食毛毛虫以作为食物储备。**食物**：以毛毛虫等昆虫为寄主，主要吃毛毛虫，也捕食其他昆虫，有些雌蜂还以同种的幼虫为食。**栖境**：在石头、树枝、土壤中筑巢，并在其上方覆盖一层沙土。**繁殖**：雌蜂喜欢在阳光明媚的沙地中捕食毛毛虫，通常抓住毛毛虫的身体上端，然后用刺去蜇其下部，并将捉到的毛毛虫储存在巢中，在第一只毛毛虫上产卵，每个洞1个卵。有的雌蜂会选择孵育寄生，首先将其他雌蜂产的卵移走，并产下自己的卵。由于雌蜂会捕捉很多毛毛虫储存在洞中，所以幼虫有足够多的食物，直至长大羽化为蛹。

与其他蜂种类相比，形态比较奇特，腹部前端呈细柄状，较长，至尖端逐步变粗，腿部也细长有力

独居，以沙土筑成巢室，巢为沙穴，常常多数巢出现于一处

别名：不详 | **分布**：欧洲北部、法国、芬兰、匈牙利、挪威、瑞士、德国、荷兰

家蝇

观察季节：温带地区的春、夏、秋季，亚热带地区全年
观察环境：养鸡场或使用鸡粪当堆肥的农场、果园附近

家蝇常让人们想到垃圾、粪便及其他肮脏的东西，事实上，它的幼虫蝇蛆是有很高经济价值的，不仅是很好的动物饲料，还可以开发食用及滋补保健品，甚至可以提取出抗癌物质，造福人类。总之，苍蝇虽讨厌，可不要小觑了它哟。

形态 家蝇体长8~12毫米，灰黑色，没有明显的斑纹或色彩，全身覆盖着细毛。复眼红褐色；触角一对，很小。前胸侧板中央凹陷，凹陷处长满毛。翅膀薄而轻。胸背有四条纵纹，第一腹板具毛。腹部有污黄色的区域。六足。

在人类住所中约占全部蝇类的90%，足上带有千百万病菌

习性 **活动**：家蝇是室内栖息活动的主要蝇种，较温暖时常在室外活动，如菜市场、食品加工厂等；气温太高则会找阴凉处乘凉；温度过低则会进入室内，常在天花板、电线等处。飞行迅速敏捷，且能在垂直的玻璃窗上或背朝下在天花板上行走。**食物**：常以粪便、血液等为食，取食时常有边吃、边吐、边排的习性。**栖境**：可生活在人类居住区域，常见于垃圾场、养殖场、果园、农场等。**繁殖**：雌蝇一次产卵100多粒，一生产卵600~1000粒，卵乳白色，香蕉形，长约1毫米；经12~24小时孵化产生的幼虫称为蛆，污白色，经数次蜕皮，转化成蛹，羽化时头上扩展成一额胞，突破蛹壳的端部而出，即产生成虫。由卵到成虫所需时间依温度、食物及种类不同而异。

复眼显著，约有4000个小眼面

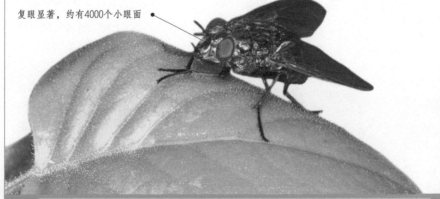

▶ 别名：蝇子 | 分布：亚洲、欧洲、美洲，包括我国大部分地区

绿蝇

观察季节：沿海地区的一年四季，温带地区的春、夏、秋季

观察环境：动物尸体、垃圾、粪便、果园、菜市场附近

身体上长着稀疏的刚毛，成虫对腥臭的鱼肉最敏感

绿蝇就是臭名昭著的绿豆蝇，表面呈青、铜黄、紫等金属绿色，又被称为"绿蝇"。它可传播肠道传染病，还能引起伤口组织性蝇蛆病，所以人们总是"望蝇生畏"。其实它的幼虫可开展蛆虫疗法，即利用蛆帮助清理溃烂的伤口，吃掉阻碍伤口复原的坏死组织和细菌，这是一种自然生物疗法，为人类的医疗事业做出了巨大的贡献。

形态 绿蝇体型中等，体长5~10毫米，多呈现青、铜、紫、黄等金属绿色。一对复眼，复眼无毛，雄性两眼分离。触角黑褐色，触角芒长羽状。侧额和侧颜富有银白或淡金色的粉被。肩胛的肩鬃后区有毛。胸部背板横缝的后方有3对中鬃，胸部小、毛较长密；后胸基腹片具纤毛。翅膀一对，薄而轻。

习性 **活动**：飞行迅速敏捷，常在较温暖时在室外活动，如菜市场、食品加工厂等；气温太高会找阴凉处乘凉，温度过低会进入室内，常在天花板、电线等处。**食物**：成虫常吃动物尸体、垃圾、粪便等；幼虫尸食性，常以腥臭腐败的物质为食，如尸体、鱼、虾、垃圾等。**栖境**：可生活在人类居住区域，常见于垃圾场、养殖场、果园、农场等。**繁殖**：雌蝇一般将卵产于比较新鲜的动物尸体或肉类上，少数可产在腌腊食物上；一次产卵100多粒，乳白色，长约1毫米；经12~24小时孵化产生幼虫称为蛆，污白色，经数次蜕皮，转化成蛹；羽化后突破蛹壳的端部而出，即产生成虫。由卵到成虫所需时间依温度、食物及种类的不同而异。

蝇体泛金绿色的金属光泽

| 麻蝇 ▶ | 麻蝇科，麻蝇属 | *Sarcophaga bercaea* Macquart | Flesh fly |

麻蝇

观察季节：温带地区的春、夏、秋季，亚热带地区全年
观察环境：粪便、动物尸体、菜市场、果园附近

麻蝇是双翅目麻蝇科所有苍蝇的统称。大部分麻蝇以腐肉、粪便或腐败物质作为食物，浓浓的尸体腐烂味道是它们终生向往的美味目标，所以它们也被称为"嗜尸者"。

形态 麻蝇整体呈灰黑色。侧额很宽，且比较柔软；触角芒上长有纤毛。胸部灰色，长有黑色花纹，前胸侧板中央凹陷，后背前方两对中鬃稍短；腹部有淡灰和深灰格子花纹，雄性的第五腹板无刺，也没有大型鬃；雌性第六背板很深地裂开，呈红色。雄性尾节呈黑色。

胸部灰色带淡黑条纹，腹部有淡灰和深灰格子花纹

习性 活动：飞行迅速敏捷，常在较温暖时在室外活动，如菜市场、食品加工厂等；气温太高会找阴凉处乘凉；温度过低会进入室内，常在天花板、电线等处。

食物：成虫多食性，取食时常有边吃、边吐、边排的习性；幼虫肉食性，兼具粪食性和多食性。**栖境**：可生活在人类居住区域，常见于垃圾场、养殖场、果园、农场等。**繁殖**：大部分雌蝇在腐肉、粪便或腐败食物上产蛆，少数会在哺乳动物的伤口上产蛆，还有一些会将蛆产在其他昆虫身上成为寄生虫。雌蝇一次产卵100多粒，一生产卵600～1000粒，卵为乳白色，长约1毫米；经12～24小时孵化产生幼虫称为蛆，经数次蜕皮转化成蛹；羽化时突破蛹壳的端部而出，即产生成虫。由卵到成虫所需时间依温度、食物及种类的不同而异。

▶ | 别名：苍蝇 | 分布：世界各地

黑腹果蝇

观察季节*：热带、亚热带的一年四季，温带地区的春、夏、秋季*

观察环境*：水果较多的地方，如果园、水果店等*

黑腹果蝇是被人类研究得最彻底的生物之一，称它果蝇是由于它喜好腐烂的水果和发酵的果汁。它在1830年第一次被鉴别、描述，1901年第一次作为动物学家和遗传学家威廉·恩斯特·卡斯特的试验研究对象。摩尔根等人则从研究黑腹果蝇中发现了"伴性遗传""连锁与互换"等现象和规律，发展了染色体遗传学说。可以说，黑腹果蝇为人类的遗传学事业做出了巨大的贡献。

形态 黑腹果蝇身体棕黄色，一对砖红色复眼，雌性体长2.5毫米，背面环纹5节，无黑斑，腹面腹片7节，第一对足跗节基部无性梳；雄果蝇体型小，末端钝，背面环纹7节，末端有黑斑，腹面腹片5节，翅膀黑色，覆盖在腹部，第一对足跗节基部有黑色鬃毛状性梳。

习性 **活动**：成虫飞翔力强，常在水果附近活动，有时振动双翅在空中停留不动，或在空中盘旋徘徊。**食物**：幼虫的首要食物是腐烂水果上的微生物，如酵母和细菌，其次是含糖分的水果等。**栖境**：常生活在水果较多的地方，如果园或家中的果盘附近。**繁殖**：雌蝇通常会将卵产在腐烂的水果或其他发酵的有机物上，一次可产400个卵，大小0.5毫米，由绒毛膜和一层卵黄膜包被；25℃环境下，22小时后幼虫破壳而出；幼虫不断地蜕皮，不断生长，从半毫米的受精卵体长到2.5毫米的正常形态大小；幼体发育分成三个阶段，3龄幼虫羽化成蛹，蛹壳半透明，呈黄褐色或深黄褐色，长椭圆形；蛹的前端有一呼吸管伸出。在25℃下，经过5天的蛹期变态发育，最后破蛹而出，成为成虫。室温条件下，十天可繁殖一代；只有四对染色体，易于遗传操作；突变体较多，便于进行遗传研究。

腹部具刚毛

▶ | **别名**：黑尾果蝇 | **分布**：全球温带及热带，我国黑龙江、辽宁、吉林等多省市

斜斑鼓额食蚜蝇 ▶ 食蚜蝇科，鼓额食蚜蝇属 | *Scaeva Pyrastri* L. | Pied hoverfly

斜斑鼓额食蚜蝇

观察季节：春、夏、秋季
观察环境：阳光充足的花间草丛或芳香植物上

　食蚜蝇与常见的苍蝇是近亲，幼虫长得很像，但生活习性大不相同。苍蝇幼虫总是在不太干净的地方，大部分食蚜蝇的幼虫却只在植物上生活，喜欢捕食蚜虫。食蚜蝇成虫腹部多有黄、黑斑纹，常被误认为是蜜蜂；由于蜜蜂很强大，腹末有刺，不好惹，而食蚜蝇外形像蜂，虽然无刺，却能仿效蜂类作蜇刺动作，还能模仿熊蜂，并能发出蜜蜂一样的嗡嗡声，从而对自身起到很好的保护作用。

形态 食蚜蝇体长10～18毫米，头顶为黑色，其上长有黑色长毛；头部棕黄色，额部长有细密的黑色长毛；颜部上宽下狭，复眼呈明显的宽条状，触角红棕色至黑棕色，基部下缘黄棕色；小盾片黄棕色，其上长有黑毛，前缘及侧缘混杂少量黄毛；腹部暗黑色，长有3对黄斑；腹部被与底色相同的毛，基部侧缘毛较为长密。

习性 **活动：**成虫飞翔力强，常翱翔空中或振动双翅在空中停留不动，或突然作直线高速飞行后盘旋徘徊。**食物：**花粉、花蜜，有时吸取树汁，腐食性种类以腐败的动植物为食。**栖境：**常生活在花园、草原及离水域较近的地方。**繁殖：**成虫在露天或树林中飞翔交配，交配时间仅1～2秒；雌虫产卵于蚜群中或附近，便于幼虫孵化后能得到充足的食料，有时也产卵于叶上或茎部；幼虫孵出后捕食周围的蚜虫，成熟幼虫有的会迁移；一般以幼虫或蛹在土中、石下、枯枝落叶下越冬，少数以成虫越冬；成虫羽化后必须取食花粉才能发育繁殖，否则卵巢不能发育。

中胸背板暗色，具蓝色光泽，两边为红棕色

足大部分是棕黄色

▶ 别名：不详 | 分布：欧洲、北美洲、北非及我国北京、内蒙古、辽宁、上海、江苏

黄颜食蚜蝇

观察季节：春、夏、秋季

观察环境：阳光充足的花丛间，阴雨天或傍晚的树叶的背面或树枝荫蔽处

黄颜食蚜蝇，顾名思义，它的颜部为黄色。成虫喜欢访花，是仅次于蜜蜂的重要授粉昆虫，且能捕食蚜虫，对我国农业发展做出了极大贡献。

晴天活动旺盛，阴雨天或傍晚躲在叶背或树枝荫蔽处

形态 黄颜食蚜蝇体长约12毫米，头顶黑色，覆淡色粉被，被黑色毛；额棕红至棕黑色，覆黄色粉被，被黑毛；触角短，为红棕色，基部上方具黑斑；颜色为黄色，覆黄白色粉及被淡色毛。中胸背板灰绿色或暗绿色，两侧略带红黄色，背板毛棕色，两侧毛长；小盾片黄色或棕黄色，被黑色长毛，前缘及侧缘毛黄色。前足和中足跗节及后足跗节背面黑棕色。翅呈黄色，前缘及翅痣棕黄色。

习性 **活动**：成虫喜阳光，能够访花，一天之内取食活动在上午10时至下午5时为高峰期。飞翔力强，常翱翔空中或振动双翅在空中停留不动，或突然作直线高速飞行后盘旋徘徊。**食物**：成虫取食花粉、花蜜，有时吸取树汁。幼虫具有捕食性，主要捕食蚜虫。**栖境**：常生活在中低海拔地区的山间、农场、花丛等植被茂盛且阳光充裕的地方。**繁殖**：成虫在露天或树林中飞翔交配；雌虫产卵于蚜群中或附近，也产于叶上或茎部；幼虫孵出后捕食蚜虫；幼虫或蛹在土中、石下、枯枝落叶下越冬，少数以成虫越冬。

腹部宽卵形，大部分为黑色，第一节端部两侧各具有一黄色斑，其余各节段均有黄色横带

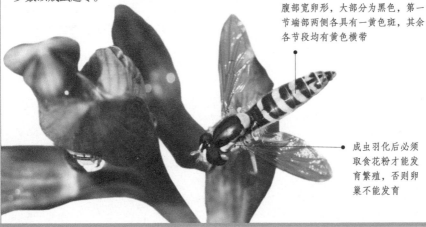

成虫羽化后必须取食花粉才能发育繁殖，否则卵巢不能发育

▶ | **别名**：不详 | **分布**：欧洲及我国河北、吉林、辽宁、四川、云南、西藏、陕西、甘肃

黄颜食蚜蝇

黑带食蚜蝇

观察季节：春、夏、秋季
观察环境：花丛、城市花园、农场等，尤其是以棉花种植为主的农场

　　黑带食蚜蝇长得像蜜蜂，由于蜜蜂具有蜇刺不太好招惹，它因而有效地保护了自己；另外它的胸腹部图案十分像鸟类，从而可以避开鸟类的捕食。

形态 黑带食蚜蝇体长7~11毫米，翅长6.5~9.5毫米。头黑色，被黑色短毛。单眼区后方覆细密黄粉，额大部分黑色，覆黄粉，被较长黑毛，端部1/4左右黄色。胸部存在一条淡灰色的纵向条纹。腹部第五节背片近端部有一长短不定的黑横带，其中央可前伸或与近基部的黑斑相连。雄性背面大部黄色，第2~4节除后端为黑横带外，近基部还有1狭窄黑横带。足黄色。

习性 **活动**：成虫飞翔力强，常翱翔空中或振动双翅在空中停留不动，或突然作直线高速飞行后盘旋徘徊。**食物**：成虫喜食花粉、花蜜，有时吸取树汁；幼虫具有捕食性，主要捕食蚜虫。**栖境**：常生活在中低海拔地区的山间、农场、花丛等植被茂盛且阳光充裕的地方，尤其是以棉花种植为主的农场。**繁殖**：雌雄成虫在飞行中交配，时间极短，交配后雌性将卵散产于蚜虫聚集的棉花叶片上，叶片背面较多，未交配的雌性所产的卵不能孵化；卵白色，长椭圆形；幼虫孵化后3天体淡黄绿色，具短突起，5天后体淡黄白色，柔软，半透明；幼虫发育成蛹，蛹壳长6.5毫米，水瓢状，末端较粗长，淡土黄色，在夏季高温季节以蛹态进行越夏，然后羽化为成虫。

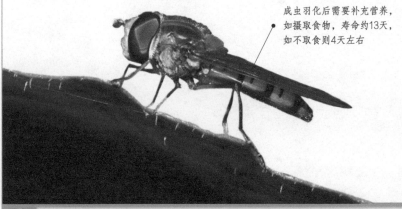

成虫羽化后需要补充营养，如摄取食物，寿命约13天，如不取食则4天左右

| 大青叶蝉 ▶ | 叶蝉科，叶蝉属 | *Cicadella viridis* L. | Green leafhoppers |

大青叶蝉

观察季节：温带地区的春、夏、秋季
观察环境：潮湿背风处，生长茂密、嫩绿多汁的杂草、农作物上可见成虫，若虫常在午前至黄昏在树木枝干上

　　大青叶蝉在世界各地广泛分布，全身几乎均为青绿色，它是植物的公敌，常危害多种植物的叶、茎，使其坏死或枯萎；它还传染病毒病，给农作物造成损失。它通体为青绿色且成虫和若虫皆喜欢啃食叶片，故得名。

形态 大青叶蝉的头部正面呈淡褐色，两颊稍微发青，两侧各有1小黑斑；触角窝上方、两单眼之间也有1对黑斑，复眼绿色；前胸背板淡黄绿色，后半部深青绿色；小盾片淡黄绿色。前翅为绿色且带青蓝色泽；后翅为烟黑色，半透明。腹部背面蓝黑色，两侧及末节为橙黄色且带有烟黑色，胸、腹部腹面及足为橙黄色。

习性 **活动**：中午或午后气候温和、日光强烈时，活动较为旺盛，飞翔较多。如遇到惊吓，会斜行或横行逃避；如惊动过大，便跃足振翅而飞，但是飞翔能力较弱。

食物：以杨、柳、白蜡、刺槐、苹果、桃、梨、桧柏、梧桐、扁柏、粟（谷子）、玉米、水稻、大豆、马铃薯等160多种植物为食物。**栖境**：潮湿且植被茂盛的地方，尤其是鲜嫩多汁的杂草或农作物上。**繁殖**：交尾产卵均在白天进行，雌性成虫交尾后1天产卵，用锯状产卵器刺破寄主植物表皮形成月牙形产卵痕，将卵成排产于表皮下，以卵在林木嫩梢和干部皮层内越冬；卵白色微黄，长卵圆形。若虫近孵化时，卵的顶端常露在产卵痕外，孵化常在早晨七八点钟；若虫初孵化时为白色，微带黄绿。刚羽化的成虫体色较淡，经5个小时体色变为正常，行动也如常。

翅脉为青黄色，且具有狭窄的淡黑色边缘

▶ | **别名**：青叶跳蝉 | **分布**：亚洲、欧洲、北美洲及我国东三省、河北、河南、山东

红绿叶蝉

观察季节：春、夏、秋季

观察环境：森林、花园、
公园，尤其是木本植物茂盛处

红绿叶蝉长得非常美丽，娇小迷
人。当它停落在植物叶片上时，翅膀会
收起来覆盖在腹部上，像是穿了一条颜色
斑斓的条纹"花裙子"，看上去特别美丽妖
娆。然而，它并非善类，著名的皮尔斯病害就是
由它引起的，给植物和农作物造成巨大损失。

生活在长满草的低洼地和
花园里，吮吸植物汁液，
经常导致植物枯萎

形态 红绿叶蝉成虫体长6.7~8.4毫米，翅膀上带有明显的蓝色和红色相间或绿色
和橘红色相间的纵向条纹。头胸部连接紧密，头部为黄色，近似呈三角形。胸部
背面为蓝色或绿色，带有红色或橘红色的斑块。腹部及足部为浅黄色。

习性 **活动**：成虫性活跃，常在高温时开始活动，多具有趋光习性，且可飞动离
迁。若虫取食时倾向于原位不动。成、若虫均善走能跳。**食物**：常以植物为食，成
虫、若虫均刺吸植物汁液，叶片被害后出现淡白色斑点，而后点连成片，直至全叶
苍白枯死，有的会造成枯焦斑点和斑块，使叶片提前脱落。**栖境**：植物枝叶间、树
皮缝隙处。**繁殖**：雌虫常将卵单个或成块产在叶片表皮下、叶脉中或枝干皮层里。
卵粒单层整齐排列，每块有卵3~26粒；卵长约1.2毫米，长椭圆形，一端略尖，初产
时白色半透明，后变淡黄褐色，卵期约10天，近孵化前一端有1对红色眼点。若虫期
约20天，共5龄。

体型虽小但十分醒目，全身颜色极为鲜艳，头、腹部为明亮
的黄色，翅膀上红绿条纹相间，故得名

腿足有力，善跳跃，可以在植物上从这片叶子跳到那
片叶子，还会飞

别名：不详 | **分布**：美国中部及北部，从加拿大的南部到巴拿马城

长沫蝉

观察季节： 一年四季

观察环境： 森林、草场、芦苇丛中

长沫蝉是"随遇而安"的昆虫，能适应各种生存环境，对宿主植物的特异性要求特别低，可以很多种植物为食，为生存提供了便利的条件，因此它几乎分布在全球各地。

幼虫体色如青玉一般晶莹美丽，会像螃蟹一样吐泡泡，目的是为自己筑巢

[形态] 长沫蝉体型娇小，体长通常为5 ~ 7毫米，大多数雌性比雄性稍长一些。它的身体颜色可能不同，目前已知有20多种颜色，且带有不同颜色的斑点，如黄色、棕色或黑色；如果身体颜色比较明亮，则斑点颜色就为黑色或暗色，如果身体颜色为黑色，则所带斑点颜色就比较明亮。

[习性] **活动：** 飞翔能力较弱，一般以跳跃方式活动。**食物：** 以170多种植物为宿主，主要以草、芦苇、草本植物为食，常吸取植物的汁液。**栖境：** 环境适应性强，除了极潮湿或干燥的环境，可在多种环境中生存，如开阔的陆地、森林等。**繁殖：** 每只雌虫可产350 ~ 400只卵，卵通常产在幼虫经常取食的植物上。在较差的环境中以卵越冬。幼虫可在春天草地上构筑泡沫状的巢，以抵御天敌并保证幼虫发育所需的温度和湿度。幼虫阶段约50天。当泡沫状的巢完全干枯后，幼虫离巢。

身体颜色多种多样，目前已知的有20多种，通常为黄色、棕色或黑色

在欧洲很普遍，在橄榄园中十分丰富，夏天从草地飞到树上以汁液为食，会让树木感染病菌

▶ | **别名：** 不详 | **分布：** 欧洲、北非、俄罗斯、日本及我国黑龙江、河北、山东、安徽

普通草蛉

观察季节：春、夏、秋季
观察环境：田间、森林、农业种植区等

夏天时，当你走在田间散步，可能会看到一种在空中飞舞的绿色虫子，浑身呈黄色或黄绿色，有着大大的黑眼睛和长长的翅膀，十分迷人，它很可能就是草蛉哦。

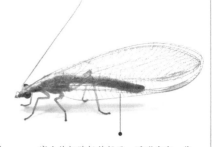

宽大的翅膀极其轻盈、透明度高，像披了一裘曼妙的纱衣

形态 普通草蛉成虫体长10~12毫米，翅展7~14毫米。触角为黄绿色，比前翅短。头部两侧具相连的颊斑和唇基斑。前翅长约12毫米，内中室呈三角形，翅脉为绿色，前缘横脉列28条，径横脉12条；后翅长约11毫米，前缘横脉列21条，绿色。腹部背面有黄色纵带，两侧绿色；腹面黄绿色。

习性 **活动**：成虫白天和夜间均活动，春、秋季多在早晚温暖时活动旺盛，中午阳光强烈时静伏于阴凉处或树叶背面。具有趋光性。**食物**：以棉蚜、黑蚜、拐枣蚜、榆叶蚜、棉铃虫卵和幼虫为寄主。成虫肉食性，有咀嚼式口器，用上颚和前足捕食和咀嚼食物，捕食速度与饥饿程度有关；幼虫有刺吸式口器，取食范围很广，如叶蝉、蚜虫、飞虱以及鳞翅目、双翅目、膜翅目幼虫，叶螨及其他小型昆虫。**栖境**：山区、草原、森林、农业种植区，尤其是棉花种植区。**繁殖**：成虫雌雄交配后，雌性常将卵单产在叶柄或叶尖处。卵呈长椭圆形，初产时绿色，快孵化时为灰黄色；孵化时间取决于温度，温度高时孵化过程短。初孵幼虫在卵壳上静静地趴几天，然后开始捕食；老熟幼虫结茧化蛹，茧近似球形，白色。蛹羽化为成虫，初羽化成虫先是当地爬动，然后远距离爬动。

触角细长，与体色相同

蚁蛉

翅脉大部为黑色

观察季节：热带地区的一年四季，温带地区的春、夏、秋季

观察环境：夜间干燥的森林、沙丘、盆地、河畔

蚁蛉与豆娘相似，翅膀狭长，体态优美。它的幼虫十分狡猾，大多数在地面或埋伏在沙土中等待猎物，或在地面上追逐猎物，有些会通过"陷阱"捕获猎物——事先隐藏在漏斗状陷阱的底部，取食掉进陷阱中的蚂蚁和其他昆虫，所以幼虫又被称为"蚁狮"。幼虫行动时倒退着走，又被称作"倒退虫"。

形态 蚁蛉身体细长，体长24～32毫米，前翅长25～34毫米，后翅长23～32毫米。触角黑色；头部黄色，多带有黑斑，头顶有6个大黑斑，中间两个被中沟略分开，头后部也有黑斑；额大部分呈黑色；唇基中央有1大黑斑，下唇须很长且末端膨大。胸部黑褐色，前胸背板两侧及中央各有1黄色纵纹，中、后胸则几乎全为黑褐色。腹部黑色，第四节以后各节后缘有细黄边。翅透明，有许多小褐点；翅痣黄色。

习性 **活动**：常夜间活动，在地面或埋伏在沙土中等待猎物，或在地面上追逐猎物；幼虫行动时倒退着走，故又被称为"倒退虫"。**食物**：幼虫捕食蚂蚁和其他昆虫；成虫取食花粉、花蜜等。**栖境**：较为干旱的森林、沙丘、盆地、河畔、道路边缘等。**繁殖**：雌性会寻找合适的位置产卵，先用腹尖多次敲击理想的产卵位置，然后将卵产在其中。幼虫常隐藏在树叶背面、碎木屑或漏斗状的洞中，以利于捕食；幼虫做茧成蛹，蛹常在距离地面几厘米的沙土中；最后蛹羽化为成虫。

别名：倒退虫 | **分布**：亚洲、非洲、澳洲干旱地带、美洲及我国华北、东北等

东亚飞蝗

观察季节：春、夏、秋季

观察环境：林间、田间，多见于小麦、玉米、高粱、粟、水稻、稷等多种禾本科植物上

很久之前，人们"谈蝗色变"，因为东亚飞蝗是危害田间作物的主要昆虫之一。它数量少时呈散居型，数量多时呈群居性，会啃食植物叶片和茎秆。它喜欢栖息在海滩、湖滩、大面积荒滩以及耕作粗放的夹荒地上，如遇干旱年份，这种荒地随天气干旱水面缩小而增大时，非常利于蝗虫生育，容易酿成蝗灾。

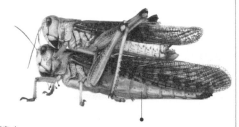

每遇大旱年份，要注意防治蝗虫，否则会造成农业上的巨大损失

形态 东亚飞蝗雄成虫体长33～48毫米，雌成虫体长39～52毫米，身体为灰黄褐色，有时头、胸、后足带绿色。头顶圆，颜面平直，触角丝状。胸部有两对翅，前翅角质，淡褐色具暗色斑点，较长，常超过后足，后翅为膜质。胸足类型为跳跃足，腿节特别发达，胫节细长；后足股节内侧基半部在上、下降线间呈黑色。

习性 **活动**：成虫善飞、善跳。成虫在地面温度20～30℃时活动最为活跃，且可以大量繁殖，40℃以上及阴雨条件下，则栖息于草丛根部静止不动。**食物**：喜食玉米等禾本科作物及杂草，饥饿时也取食大豆等阔叶作物。**栖境**：地势低洼、易涝易旱或水位不稳定的海滩、湖滩及大面积荒滩以及耕作粗放的夹荒地上。

繁殖：常在地形低洼、沿海盐碱荒地、内涝区等地繁殖产卵，每卵块有数十粒，以卵在土中越冬，翌年4月底～5月上中旬孵化为夏蝗。夏蝗羽化后经10天交尾，7天后产卵，卵期15～20天，7月上中旬产卵，孵出若虫称为秋蛹，经25～30天羽化为秋蝗。

通常啃食植物的叶片和茎秆

胸部腹面有长而密的细绒毛

▶ **别名**：蚂蚱 | **分布**：非洲、亚洲、新西兰及我国河北至福建、广东、东达沿海各省

东亚飞蝗

中华蚱蜢 ▶ | 蝗科，剑角蝗属 | *Acrida cinerea* Thunberg | Chinese grasshopper

中华蚱蜢

观察季节：春、夏、秋季

观察环境：田间、林间等植物生长处

中华蚱蜢，即农村地区人们常称的"蚂蚱"，在田间非常常见。它因触角呈剑状，又被称为"中华剑角蝗"。它喜欢啃食多种植物的叶片，常对我国农业造成巨大的危害。

形态 中华蚱蜢体形细长，雌虫成虫体长50~81毫米，雄虫31~60毫米，全身呈绿色或褐色。触角呈剑状；头部圆锥状，明显长于前胸背板；前胸背板的中隆线、侧隆线及腹缘呈淡红色。前翅发达，绿色或枯草色，沿肘脉域有淡红色条纹，或中脉有暗褐色纵条纹，端部尖；后翅淡绿色。后足股节和胫节为绿色或褐色。

习性 **活动**：成虫善于飞行；若虫飞行能力较弱，一般跳跃行走。**食物**：杂食性，寄主植物广泛，如高粱、小麦、水稻、棉花、甘蔗、白菜、甘蓝、萝卜、豆类、茄子、马铃薯等作物及各种杂草、蔬菜、花卉等，它常将叶片咬成缺刻或孔洞状，严重时将叶片吃光。**生境**：常在各类杂草中混生，喜欢保持一定湿度和土层疏松的场所，常见于农田与杂草丛生的沟渠相邻处。**繁殖**：卵生。各地均一年发生一代。成虫常在杂草混生的场所产卵并孵化。卵呈块状，外被胶囊；以卵在土层中越冬。若虫分为5龄，逐渐成长为成虫。

▶ | **别名**：中华剑角蝗、尖头蚱蜢 | **分布**：我国黑龙江到海南，西南至四川、云南

意大利蝗 ▶	蝗科，星翅蝗属	*Calliptamus italicus* L.	Italian locust

意大利蝗

观察季节：夏、秋季，每年6～10月常见

观察环境：干旱环境中，如草原、采石场、沙滩等

意大利蝗穿着橙红色斑点的"外衣"，腰圆背厚，踢蹬有力，跳得又高又远，给人留下深刻的印象。它长得很像螳螂，但生活习性完全不同——它是吃庄稼的害虫，螳螂是其天敌；它一般产完卵就走，不关心后代，螳螂则不然。

形态 意大利蝗成虫体型粗短，雄性体长14.5～23.4毫米，雌性24.5～41.1毫米，存在三条平行的纵线，并具有3条明显的横沟；前胸腹板在两前足基部之间具有近乎圆柱状的前胸腹板突；前、后翅均发达，前翅明显超过后足腿节的顶端，后翅基部玫瑰色；后足腿节粗短，且腿节内侧为玫瑰色或红色，常有2条不完全的黑色横纹；雄性尾须狭长，略向内弯曲，顶端分成上下2枝，下枝顶端有显尖锐的下小齿。

习性 **活动**：成虫善飞、善跳，在地面温度20～30℃时活动最为活跃，40℃以上及阴雨条件下，则栖息于草丛根部静止不动。**食物**：成虫杂食性，以多种植物叶片或茎秆为食，喜食菊科的多种蒿类和藜科以及禾本科植物，也危害小麦等作物。**栖境**：生活在干旱环境中，如新疆北部海拔800～2300米的荒漠、半荒漠草地及采石场、干旱沙滩等。**繁殖**：成虫在羽化后4～7天交配产卵，卵多产在不十分坚硬、碎石较多的裸露地段；雌虫产卵3～5块，每块含卵20～50粒，卵粒黄褐色或土红色，长5～6毫米，直径约1.2毫米，表面具网状花纹，卵囊常呈屈膝状。蝗蛹孵化时从卵囊里爬出，呈半透明淡黄色，3～5分钟后脱去胎衣，体色由淡黄色变为褐黑色或黑色。

欧洲大陆的代表蝗虫，在我国主要见于新疆北部海拔800～2300米的荒漠、半荒漠草地带

体型粗短，体色与所处环境较为接近

▶ **别名**：不详 | **分布**：西欧、中亚、北非，意大利和我国新疆、内蒙古、青海、甘肃

沙漠蝗

观察季节： 一年四季

观察环境： 夜晚在干旱沙漠或草原上

沙漠蝗是一种适应性极强的昆虫，在干旱的沙漠上，在植被较少的季节里，它孤独地生活着，外表颜色单一，性格迟钝、羞怯，常常停驻着一动不动。到了植被丰富的季节，它白天疯狂地追求合群，结成蝗群，数量可达几十亿只，横亘在大片土地上，迁移途中可吃掉数以吨计的各种植被，给农业造成巨大危害。

在植被丰富的季节，成虫的外表变为黄、黑相间

形态 沙漠蝗的生活状态可以分为两种：一种是孤独生活型的，成虫外表颜色单一，常为褐色，与周围环境颜色相同；另一种是结群生活型的，成虫外表黄黑相间。幼虫时为粉红色。翅为浅黄褐色，上面带有黑色斑点。

习性 **活动：** 孤独生活型的沙漠蝗性格比较迟钝，常常停留在一处一动不动，碰到别的蝗虫趋向躲避，夜间飞行，结群生活的沙漠蝗常在白天进行迁移。**食物：** 杂食性，以多种农作物及其他植被为食，啃食植物叶片、嫩枝、茎秆、树皮等。**栖境：** 干旱的沙漠、草原。**繁殖：** 交配后雌性成虫会在柔软的沙子上用腹尖挖一个洞，即"卵荚"——约3～4厘米，距离地面约10厘米，在其中产卵。卵孵化为幼虫的时间取决于环境温度和湿度。幼虫期大约5个月，生长中会蜕皮。未成熟的成虫最初为粉红色，翅膀无力，几天后随着进食和角质层变硬，会成为成熟成虫。

在史前期就是北非、西亚和印度等热带荒漠地区之河谷、绿洲上的农业大害虫，据文献记载，其扩散区可超过29000000平方千米，约占全世界陆地表面的20％和占世界人口1/10的地区，20世纪末期，非洲东部、红海沿岸、中东以及西南亚等地区曾猖獗发生为害

别名： 不详 | **分布：** 非洲、中东、亚洲及我国云南

草螽

观察季节：春、夏、秋季，一般5～6月出现，9～10月仍可见
观察环境：草丛、灌木丛和绿篱中

草螽受到惊吓时，常会跳入水中，爬在水生植物上，像潜水运动员一样。它在日间或夜间爱"唱歌"，声音为"卡嗒"或"嘤嘤"，十分独特。

形态 草螽体形较大，身体为褐色或绿色，体细长，长3厘米左右，从头顶到翅端可长达4～6厘米。头为椭圆形，头顶尖，脸扁而斜，两牙较长，颜色鲜红。两条触须呈丝状、黄色，和身体颜色接近。眼大，有两颗较长的牙齿，颜色鲜红。前翅较长，约超出腹部2厘米。雌虫体较雄虫略大，黄绿色的产卵管形如尖剑，平直而略向上翘，长3～4厘米。雄虫背部的发音镜透明发亮，其尾须呈钩状。

习性 活动：平时静息于草丛中或湖中，受惊时跳入水中，爬在水生植物上，也可潜水数分钟；日间或夜间鸣叫。食物：以植物嫩茎、叶、花和果实为食。栖境：湖或池边的草地上、灌木丛和绿篱中。繁殖：雌虫与雄虫交配后，雌虫在合适位置产卵，以卵越冬。卵经一段时间发育孵化为幼虫，时间长短取决于外界环境；幼虫身体柔软，经一段时间后角质层变硬，幼虫发育为成虫。

形似尖头蚱蜢，又很像蝗虫，体形较大

雄者鸣如织机声，俗称蝈蝈、织布娘，在各种文学作品中常出现

美东笨蝗

观察季节： 春、夏、秋季

观察环境： 开阔的松树林、潮湿的植被或田间

美东笨蝗是美国东部唯一的一种笨蝗，身体笨笨的，不能飞也不能跳。不过它也有优点：一是身体颜色十分鲜艳美丽，二是杀虫剂对它无效——它自己就会分泌有毒的泡沫。

[形态] 美东笨蝗体型巨大，体长可达8厘米，身体颜色较为鲜艳多彩，大体上呈现黄褐色，其上点缀着黑色和棕绿色。尚未成熟的美东笨蝗通体呈黑色，其上带有黄色、橘黄色或红色条纹。一对触角，又尖又长，前端为黑色，后半部与身体颜色相同。眼较大。翅膀退化，只能达到腹部的1/2。

[习性] **活动：** 行动迟缓，无法飞翔，且跳跃能力差，每年6月中上旬为活动高峰期，多活跃在干旱高燥的向阳坡地及丘陵山地。**食物：** 杂食性，以多种植物为食，尤其是松树、农作物等。**栖境：** 主要生活在开阔的松树林、潮湿的植被或田间，如果有食物聚集，也可以生活在城市下水道中。**繁殖：** 交配后雌性会在合适的位置产卵；卵孵化为幼虫的时间取决于环境温度及湿度；幼虫生长中需要蜕皮，此时坚硬的角质层会破裂，幼虫伸展并且比较柔软；未成熟的成虫比成虫小一些，没有翅膀，全身黑色且带有黄色、橘黄色或红色的条纹。

它可不是好惹的角色：2002年，一大群美东笨蝗袭击了佛罗里达州中部地区，对当地植被造成很大的破坏。

绿丛螽斯

观察季节：春、夏、秋季

观察环境：草地、美洲大草原、树林、灌木丛，公园中偶尔可见

绿丛螽斯全身绿色，又称绿螽，和蚱蜢有些相像。它性情总体上偏懒惰，常静息在树丛中，偶尔出来走几步或跳几下，虽然可以飞翔，但一般不会轻易飞行。

雄虫的前翅互相摩擦，能发出"括括括"的声音，清脆响亮

形态 绿丛螽斯的雄虫体长28～36毫米，雌虫体长32～42毫米，身体呈绿色。头须较长，80毫米左右，有的甚至可以达到身体的三倍。头部较尖，两侧有白点。翅的前缘有斜向的黄白色翅脉，折叠时很像树叶。腹部较大，尾部被较长的前翅遮盖，且伸出10余毫米，形成两头尖、中间大的体形。雄性有鸣声器，为棕色。雌性的产卵管较长并向下弯曲，呈镰刀状，黄色，末端颜色较深。

习性 **活动**：白天、黑夜均可以活动，活动时常常发出鸣叫声。可以飞翔，但一般不飞行，多在树林间行走或跳跃。**食物**：肉食性，以苍蝇、毛毛虫或其他昆虫的幼虫为食。**栖境**：草地、美洲大草原、树林、灌木丛，偶尔在花园中出现。**繁殖**：成虫常把卵产在植物的嫩梢上，产卵后任其自行成熟后成为幼虫。幼虫绿色，带有棕色条纹；在5龄幼虫时雌性可见产卵管，6龄时可看见翅；幼虫经过一段时间的发育成长，长为成虫。

外表粗看像蝗虫，稍仔细便可以发觉其身甲远不比蝗虫那样坚硬，更重要的是有着细如丝、长过其自身的触角

雌性有细长的产卵管

别名：不详 | **分布**：从欧洲到蒙古均有分布

镰尾露螽 ▶ 螽斯科，露螽属 | *Phaneroptera falcata* Poda | Sickle-bearing bush-cricket

镰尾露螽

观察季节：春、夏、秋季

观察环境：草地、树林、灌木丛

镰尾露螽全身几乎为绿色，但触角和足部是红色的，且又细又长。雄性的左前翅有一个发音器，常常"唱歌"给我们听，被称为昆虫界的"歌唱家"。它又因体型细长，被人们称为"丝娘子"。

形态 镰尾露螽体型较小、细长，身体呈绿色。头顶角为锐角。复眼卵圆形，较突出。前胸背板背面圆凸，侧片长与高约相等。翅膀狭长，绿色，前翅不透明；后翅超越前翅部分为淡绿色，翅室内具细小的黑点；雄性左前翅发音部不突出，且具2个暗斑。雄性尾须较长，端半部呈角形弯曲，端部尖锐。

习性 **活动**：静伏于草丛或树丛中时，可以模仿植物的茎或叶片，以躲避天敌；天敌有铁线虫、蜱螨类、地蜂、蜘蛛、螳螂、蜥蜴、鸟类和大型灵长类。**食物**：成虫植食性，取食叶片、叶芽、花芽、水果以及大部分草本和树状灌木的表皮。**栖境**：常生活在欧洲山区等植被较茂盛的地方，极少数生活在北美洲的山区或草丛。**繁殖**：卵为不规则椭圆形，以卵越冬；越冬后卵发育为幼虫；幼虫分为5~7个龄期，每个龄期一周或稍长；幼虫在最后一轮蜕皮后羽化为成虫；成虫在羽化15天后开始产卵，且雄性发声器逐渐成熟。

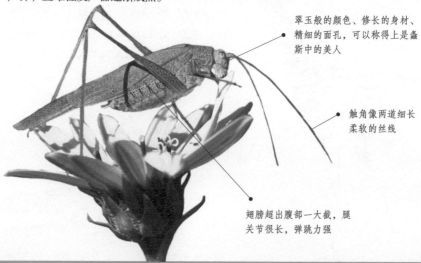

翠玉般的颜色、修长的身材、精细的面孔，可以称得上是螽斯中的美人

触角像两道细长柔软的丝线

翅膀超出腹部一大截，腿关节很长，弹跳力强

▶ **别名**：丝娘子 | **分布**：朝鲜、日本、欧洲及我国吉林、浙江、陕西、福建、湖南、江苏

家蟋蟀

观察季节： 春、夏、秋季

观察环境： 较湿润的田野、建筑物、垃圾堆中

家蟋蟀身体粗壮，喜欢打浅洞，常见于建筑物及垃圾堆中，喜欢日夜鸣叫，但温度大于32℃、小于7℃时不叫。它们可算不上团结，喜欢自相残杀，把同类作为美食。

一种古老的昆虫，至少已有1.4亿年的历史，还是在古代和现代玩斗的对象

形态 家蟋蟀身体粗壮，呈黑或褐色，体长16～21毫米。头部颜色较浅，并有深色横带。触角一对，比身体长，细丝状。雄、雌腹端均有一对尾毛；雄性腹端有短杆状腹刺一对。雄性前翅上有发音器，由翅脉上的刮片、摩擦脉和发音镜组成。雌性的针状或矛状产卵管裸出，比尾丝还长，由2对管瓣组成。各足跗节3对，前足和中足相似并同长。

习性 **活动：** 成虫、若虫均有较强的避光习性，常在较暗环境中活动。缺乏食物时，成虫、若虫均有互相残杀现象，在蜕皮过程中多被其他个体干掉。繁殖期雄性会卖力地振动翅膀，发出动听的声音，以吸引异性——左右两翅一张一合，相互摩擦，振动翅膀就可以发出悦耳的声响。**食物：** 杂食性，吃各种作物、树苗、菜果等。**栖境：** 常在潮湿阴暗的环境中活动，如潮湿的砖石下、土穴中、草丛间。**繁殖：** 经过卵、若虫和成虫三个虫态，初羽化的成虫经57天后开始产卵。卵多产在潮湿松软的土壤中，聚产而无卵囊；卵期约33天；若虫9龄，历期约37天，经历多次蜕皮。刚蜕皮后全身白色，仅复眼黑色，约20分钟后躯体颜色渐渐变暗，经一定时间生长发育为成虫，成虫期约51天。

体色多为黑褐色，体型多呈圆桶状，有粗壮的后腿、比身体还要长的细丝状触角

雌虫有一根比尾丝还长的产卵管

黄斑黑蟋蟀

观察季节：春、夏、秋季

观察环境：白天的枯叶及山洞中，夜晚路灯下

它因前翅端有两个明显的黄斑，故被称为"黄斑黑蟋蟀"。它属于大中型蟋蟀，牙非常大，斗性极强，是民间用来斗蟋蟀的主角，雄性的蟋蟀一定会将对方打到不能飞行才算胜利，而失败者只要还能活动，就不会放弃成功的希望——它们常用大颚撕咬对方或用后腿用力踢蹬对方，以达到攻击的目的。

形态 黄斑黑蟋蟀体型中大，体长25～28毫米，体色呈黑色或黑褐色。头部及前胸背板黑色，且具有光泽。翅膀前端有2个黄斑；雄、雌虫的翅膀结构不同，雄虫翅膀花纹形状不规则，上翅有发音器，可用上翅摩擦发音，雌虫翅膀呈规则性的网状，尾端具有形状类似鱼枪样的产卵管。尾须细长，后腿胫节有成列细刺。

习性 **活动**：成虫春至秋季出现，白天不出没也不鸣叫，夜晚出没、鸣叫，常在路灯下活动。繁殖期雄性会卖力地振动翅膀，发出动听的声音，以起到吸引异性、警示、领域宣示等作用。看，它左右两翅一张一合，相互摩擦，就可以发出悦耳的声响。**食物**：杂食性，吃各种作物、树苗、蔬菜、水果等。**栖境**：常生活在平地或低海拔山区，栖息在草丛、落叶、石瓦缝隙中，它们还可以在地面打洞，并生活在其中，或在其他动物的洞中生活。**繁殖**：经过卵、若虫和成虫三个虫态，初羽化的成虫经几天后开始产卵，卵多产在潮湿松软的土壤中，聚产而无卵囊；卵期约30天；若虫9龄，历期约37天，经历多次蜕皮。刚蜕皮后全身白色，仅复眼黑色，约一段时间后躯体颜色渐渐变暗，经一定时间生长发育为成虫。

雌虫尾端具有状似鱼枪样的产软管，不会鸣叫

中大型蟋蟀种类，是民间用来斗蟋蟀的主角

▶ 别名：花镜 | 分布：非洲、地中海地区及我国台湾

| 油葫芦 ▶ | 蟋蟀科，油葫芦属 | *Gryllus testaceus* Wallker | Oriental garden cricket |

油葫芦

观察季节：春、夏、秋季

观察环境：田野、山坡沟壑、岩石缝隙、杂草丛

　　油葫芦的名字可谓名副其实，它全身油光锃亮，就像刚从油瓶中捞出来似的。此外，它的鸣叫声颇似油从葫芦里倾注出来的声音。它也喜欢吃各种油脂丰富的植物，如花生、大豆、芝麻等，所以"油葫芦"之名可谓实至名归。

品种较多，常见有体色偏黑的"黑葫芦"、体色偏棕的"红油葫芦"

形态 油葫芦体长20~30毫米，宽6~8毫米，浑身油光闪亮，体色有黑褐色、黄褐色等多种。触角褐色，长20~30毫米，从头部背面看两条触角呈"八"字形，触角窝四周黑色。头部黑色，呈圆球形；颜面部黄褐色。前胸背板黑褐色，有淡色斑纹，且左右对称，侧板下半部淡色。前翅背面褐色，有光泽，侧面为黄色。尾须很长，超过后足股节，色较浅。雌虫的产卵瓣平直，比后足股节长。

习性 **活动：**白天隐藏在石块下或草丛中，夜间出来觅食和交配。雄虫筑穴与雌虫同居，当两只雄虫相遇时会相互咬斗，互相残杀。夏末秋初为其旺发期，此时在荒野之中到处都可听到其鸣声，此起彼落，连续不断。**食物：**以各种植物的根、茎、叶为食，如大豆、花生、山芋、马铃薯、粟、棉、麦等。**栖境：**白天隐藏在石块下或草丛中及田野、山坡的沟壑、岩石缝隙中。**繁殖：**在我国大部分地区1年发生1代，以卵在土中越冬，翌年春末天气转暖时化为若虫，夏末时化为成虫。

通过一次次蜕皮来长大，会蜕出完整的"壳"，挂在枝梢

| ▶ | **别名：**油壶鲁 | **分布：**非洲、亚洲、大洋洲及我国大部，如安徽、江苏、浙江等 |

油葫芦

大端黑萤

观察季节*：春、夏、秋季，3~6月较常见*
观察环境*：山区、树林中，尤其是竹林*

在台湾端黑型萤火虫中，大端黑萤体型最大且发生期较早、数量较多且非常常见，而且它很容易与其他端黑萤、条背萤、边褐端黑萤区别开来，因为它身上除了腹部发光器外，其他部位均为橙黄色，且没有任何黑褐色斑纹。它被划分为端黑型萤火虫，是因为它的前翅末端为黑色。

形态 大端黑萤雄虫体长11.2~12毫米，身体橙黄色。触角呈丝状。前翅末端为黑色。腹部末端有2节乳白色发光器，第一节为长椭圆形，第二节为半圆形。雌虫形态与雄虫相似，均有完整翅膀，但体型略大于雄虫，腹部仅有一节发光器。

习性 **活动**：成虫日夜均可活动，活动时聚集在竹林中较高的位置，如摇动竹子，成群受到惊扰即发光。雄虫发橙黄色光，闪烁频率快，但持续时间不长；雌虫发光较慢，但持续时间较长。**食物**：幼虫肉食性，以蜗牛、蚯蚓、昆虫等小动物尸体为食；成虫可吸食花蜜。**栖境**：海拔2000米以下的山区道路旁、山区竹林中，在阔叶林、槟榔园、果园与杉木林也可发现它的踪迹；幼虫栖息在低海拔山区的森林底层。**繁殖**：白天与夜间均可利用光与化学信号寻找配偶，雌虫交尾后钻入落叶下的土表间产卵，卵黄色，经过一段时间孵化为幼虫；幼虫陆生，栖息在低海拔山区的森林底层，经一段时间后发育为成虫。

少数会访花的萤火虫，成虫会聚集在花中吸食花蜜，如油桐花等

大萤火虫

观察季节： 春、夏、秋季

观察环境： 植被茂盛，相对湿度高的地方

大萤火虫因尾部能发出荧光，故得名。它是一种十分挑剔的甲虫，对环境要求非常高。从前环境污染小时，常能看见萤火虫在田间飞舞，美丽壮观，但现在由于农药等化学杀虫剂的使用，环境污染严重，萤火虫在田间飞舞的情景不易见到。它在很大程度上被称为环境风向标。

形态 大萤火虫体长约0.8厘米，身体呈黄褐色，身形扁平细长。头较小，被大的前胸盖板盖住。体壁和鞘翅柔软。腹部有腹板6~7节，末端有发光器，内有一种发光细胞，内含荧光素，可发出荧光。雄虫大多有翅；雌虫无翅，身体比雄虫大，不能飞翔，但荧光比雄虫亮。

习性 **活动：** 雄虫可以飞行，雌虫无翅不能飞行。常在夜间活动，荧光对求偶、繁殖具有重要作用。**食物：** 成虫常以蜗牛和小昆虫为食；幼虫喜食螺类和甲壳类动物，捕捉猎物后会先麻醉再将消化液注入其身体，将肉分解。**栖境：** 古老的大草原，尤其是白垩岩和石灰岩的沙土上，也可以生活在河岸边或荒野中。**繁殖：** 雌虫通过发光来吸引异性，与雄性交配后产卵，通常3天内可以产卵50~100粒，产在比较湿润的地方，然后雌雄双亲死亡。卵为淡黄色，2~3周后孵化为幼虫；幼虫黑色，与成虫相似，但带有浅色斑点，以幼虫越冬，翌年5~7月发育为成虫，成虫交配繁殖后死亡。

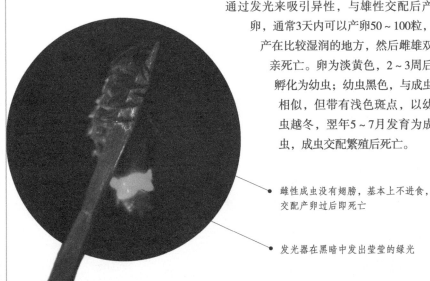

• 雌性成虫没有翅膀，基本上不进食，交配产卵过后即死亡

• 发光器在黑暗中发出莹莹的绿光

宾夕法尼亚花萤

观察季节： 温带地区的春、夏、秋季
观察环境： 花丛、田间、林间

　　宾夕法尼亚花萤十分美丽，身体
和翅膀橙黄色，带有一些形状规则的黑
斑，身体前端有一对长长的触角，翅膀也
是长长的。当它静状在花朵或林间时，翅膀
会将整个腹部覆盖住，像一只优美的小精灵。

原产于北美洲的宾夕法
尼亚，故得名

形态 宾夕法尼亚花萤成虫体长4~20毫米，身体橙黄色。头方形或长方形。触角较长，分为11节，呈丝状。前胸背板呈椭圆形，上面带有一块黑色的"凹"形斑。鞘翅软，翅较长，为橙黄色，末端带有一块长的黑色椭圆形斑。腹部雄性多为9~10节，雌虫8节。足发达，胫端具强化刺。

习性 **活动：** 夜间活动旺盛，荧光对求偶、繁殖具有重要作用。**食物：** 成虫及幼虫均为肉食性，常取食各种小昆虫。**栖境：** 成虫常生活在花丛、草丛、林间、田间等植被茂盛处；幼虫常生活在土壤、苔藓或树皮下。**繁殖：** 成虫交配完成后，雌性产卵，卵通常为浅黄色，近似椭圆形，经过一段时间的孵化，卵发育为幼虫；幼虫头部约与前胸等宽，上颚又细又尖，其上具槽，触角只有3节，头部两侧比成虫多一个单眼；腹部10节，无尾突；足分为4节，具有跗爪节；慢慢发育为成虫。

角细长，具节，像两条鞭子一样

黄色带黑色斑点，
常出现在一枝黄花上

别名： 金色士兵花萤 | **分布：** 美国宾夕法尼亚

七星瓢虫 ▶ | 瓢虫科，瓢虫属 | *Coccinella septempunctata* L. | Seven-spot ladybird

七星瓢虫

观察季节：春、夏、秋季，4~10月尤常见

观察环境：农田、森林、园林、果园

七星瓢虫身子圆圆，背部拱起，背着一个红色的水瓢状壳，壳上有七个小黑点，仿佛七颗美丽的黑玛瑙，头上有一对很小的触角。

身体像半个圆球，头黑黑的，翅膀橘色

触角很短，不太明显　　脚在大大的翅膀底下

形态 七星瓢虫成虫体长5.2~6.5毫米，宽4~5.6毫米。头和复眼为黑色，上额外侧为黄色，内侧凹入处各有1淡黄色点。触角褐色，较短。口器黑色。前胸背板黑色，前上角各有1个较大的近方形淡黄色斑，小盾片黑色。鞘翅红色或橙黄色，两侧共有7个黑斑，翅基部在小盾片两侧各有1个三角形白斑。体腹及足为黑色。

习性 **活动：**当温度大于10℃时活动较为旺盛，常在麦类和油菜植物上活动；当遇到敌害侵袭时，脚关节能分泌出一种极难闻的黄色液体，使敌人受不了而仓皇退却；遇到强敌和危险时，会从树上落到地下，3对细脚收缩在肚子底下，躺下装死，瞒过敌人而求生。**食物：**捕食昆虫，如棉蚜、麦蚜、豆蚜、菜蚜、玉米蚜、高粱蚜等。**栖境：**不同季节活动场所不同，冬天在小麦和油菜根茎间越冬，也在向阳土块、土缝中过冬；春天，在麦类和油菜植株上活动；夏天，在棉花、柳树、槐树、榆树、豆类等上活动，因为那里常有蚜虫和蚧虫寄生。**繁殖：**一生经过卵、幼虫、蛹和成虫4个发育阶段。成虫在20~25℃时产卵，产卵量高，卵呈长卵形，橙黄色；卵孵化为幼虫时温度约25℃，幼虫共4龄，以老熟幼虫化蛹；蛹长7毫米，黄色，腹末带有末龄幼虫的黑色蜕皮；最后蛹羽化为成虫。

身体卵圆形，背部拱起

益虫，成虫捕食麦蚜、棉蚜、槐蚜、桃蚜、介壳虫、壁虱等害虫，大大减轻树木、瓜果及各种农作物遭受害虫的损害，被人们称为"活农药"

▶ | **别名：**金龟、花大姐 | **分布：**朝鲜、日本、俄罗斯、印度、欧洲及我国大部

异色瓢虫 ▶ | 瓢虫科，瓢虫属 | *Harmonia axyridis* Pallas | Halloween lady beetle

异色瓢虫

观察季节：春、夏、秋季，4～10月较常见

观察环境：花丛、田间、林间

异色瓢虫的体表颜色变化非常大，即使是"兄弟姐妹"也各不相同，常被人们当成不同种类的瓢虫，连昆虫专家也会搞错。其实，要识别它们也不难，仔细观察鞘翅表面，在距离身体后部不远处有一个横向突起的皱纹叫横脊，而别的瓢虫没有。

前胸背板浅色，有1个"M"形黑斑，有各种变异的形状

成虫羽化后约5天开始交配

形态 异色瓢虫身体卵圆形，突肩形拱起。头部橙黄色、橙红色或黑色，上颚基部有齿。头后部被前胸背板所覆盖。体色和斑纹变异很大，小盾片橙黄色或黑色；鞘翅上各有9个黑斑；向深色型变异时，斑点相互连成网形斑，或鞘翅基色黑而有1、2、4、6个浅色斑纹甚至全黑色。腹面色泽也有变异，浅色型的中部黑色，其余部分绿黄色；深色型的中部黑色，其余部分棕黄色。

习性 **活动**：刚越冬的异色瓢虫不取食也不活动，但其他季节善爬能飞，敏捷又迅速。**食物**：棉蚜、豆蚜、高粱蚜、菜缢管蚜等。**栖境**：冬天在向阳土块、土缝中，其他季节常在农业种植区，如大豆、高粱种植区，那里有蚜虫和蚧虫寄生。**繁殖**：一生经历卵、幼虫、蛹、成虫四个阶段。成虫交配后约5天开始产卵；卵排列整齐成块，卵粒梭形。幼虫4龄，捕食蚜虫、木虱等。蛹橘黄色，经一段时间发育为成虫，在山区岩洞或石缝内越冬。

体长5.4～8毫米，宽3.8～5.2毫米

向浅色型变异的个体鞘翅上的黑斑部分消失或全消失，以致鞘翅全部为橙黄色

▶ | **别名**：不详 | **分布**：东亚、北美、欧洲及我国黑龙江、湖北、湖南、四川、云南

眼斑芫菁

观察季节：春、夏、秋季

观察环境：农场、花园等植被茂盛处

眼斑芫菁的头、体躯和足均为黑色；鞘翅黑色，上面有3条黄色横带纹，基部有一个圆形的眼状黄斑，肩胛外侧还有1个小黄斑，这些外形特征使它被称为"黄黑花芫菁"及"眼斑芫菁"。

食害叶片和花瓣，将叶片吃成缺刻，仅剩叶脉，亦咬食豆荚

形态 眼斑芫菁体长15～20毫米，宽4～7毫米。头、体躯和足均黑色，长有黑毛。触角11节，由基部向末端逐渐变粗，呈棒状。额密布小刻点，中央有一条光滑纵纹，中部常扩展成1个小光斑。鞘翅黑色具3条黄色横带纹，黑色部分被黑色细短毛，黄带上的淡色细短毛间有稀疏的黑竖毛。前胸长大于宽，两侧平行，前端束狭。背板密布细刻点，有显著的纵缝，后缘中间有1个三角形凹洼。腹部末端节后缘平直；雄虫腹部末端节后缘向前凹，呈圆弧形。

习性 **活动**：每年的7月为成虫活动的旺盛期，1龄幼虫行动敏捷，爬行力强，甚至可以做远距离活动。**食物**：以豆类、瓜类、花生、辣椒、番茄、马铃薯、苹果等为寄主，成虫食叶片和花瓣，会将叶片吃成缺刻，仅剩叶脉，亦咬食豆荚。**栖境**：海拔600～700米的丘陵及平原地区，多群集在禾本科植物或杂草顶端或叶背面。**繁殖**：多数年发生1代，以卵越冬，卵经263～275天才孵化，翌年4月下旬～5月下旬陆续孵化；幼虫期29～58天，幼虫共5龄；1龄行动敏捷，爬行力强，觅到蝗虫卵块后就不再爬行，发育到5龄虫才掘穴入土定居，直到羽化。

俗名斑蝥、小斑芫菁、黄斑芫菁，成虫除为害豆类、瓜类、花生、棉花等植物的叶片和花朵外，尚可咬食近成熟和成熟的荔枝、龙眼果实的果肉，6~8月为害较为严重

科罗拉多薯虫

观察季节：春、夏、秋季，5～10月较常见
观察环境：马铃薯、茄科植物种植区

科罗拉多薯虫起源于美国洛矶山东麓的半干旱地区，向南延伸至墨西哥的南部区域。它是马铃薯的天敌，随着马铃薯栽培面积的扩大，它开始向东、西、南、北四个方向扩展，跨越密西西比河，以185千米/年的速度于1874年到达美国东部海岸，并向美国东北延伸到加拿大。目前，它已经传入我国，并在新疆造成了巨大损失。

形态 科罗拉多薯虫体长11.25毫米左右、宽6.33毫米左右，整体呈短卵圆形。背部显著隆起，颜色红黄或土黄色，有金属性光泽。咀嚼式口器，复眼呈肾形。前胸背板隆起，宽为长的2倍，表面有稀疏刻点。鞘翅坚硬，隆起，侧方呈椭圆形，端部稍尖，每一鞘翅上有5条黑色纵带，第一条纵带与第三条纵带在鞘翅尾部合并交会。足短，均属爬行足，转节三角形。腿节粗且侧扁，两爪相互接近。

习性 **活动**：扩散发生在幼虫和成虫阶段，成虫爬行及飞行扩散；幼虫爬行扩散，通常在距离和范围较小的寄主田和植株之间转移。**食物**：以马铃薯和茄科植物为食。**栖境**：常生活在墨西哥、北美洲西南部和欧洲的马铃薯及茄科植物种植区或山区。**繁殖**：一生经历卵、幼虫、蛹、成虫4个不同虫态。5月上、中旬，越冬成虫出土，随后交尾、产卵；卵呈椭圆形，淡黄色至橙黄色，4～15天后孵化为幼虫；幼虫分4龄，4龄幼虫形成预蛹，掉落土壤中化蛹；蛹羽化为成虫的时间取决于温度、光线及宿主所在的环境。

越冬成虫出土并转移至野生寄主或早播马铃薯上取食，随后交尾、产卵

雌虫个体稍大，雄虫末节腹板隆起，具有一纵向内凹线

金花金龟

观察季节：*春、夏、秋季*
观察环境：*林间、花丛，尤其是玫瑰花上*

　　金花金龟长得十分绚丽夺目，金属质感的身体有多种色型变化，体色有绿色、金绿色或蓝绿色。成虫喜欢访花取食，特别钟情于玫瑰，故又名"玫瑰金龟子"，在5～7月温暖的晴天，在玫瑰上常可见到它们。

体色多样，泛着莹莹的金属光泽

形态　金花金龟体型中等，长约20毫米，体色呈金属绿色、青铜色、铜色、紫色、蓝黑色或灰色，常带有金属光泽。翅鞘间的细小三角形紧接在胸部以下，并且翅鞘上带有不规则白纹；将翅鞘下垂时，可以快速飞行。腹部密布黄色绒毛，下身呈铜色。

习性　**活动**：飞行起来十分敏捷，每年5～7月活动最为旺盛，钟情于玫瑰花，常在晴天时在玫瑰花上活动。**食物**：常吃花、花蜜及花粉，特别喜食玫瑰。**栖境**：分布在欧洲南部至中部，英国南部的山间、丛林中，尤其是阳光明媚的玫瑰花园中。**繁殖**：雌雄成虫交配后，雌虫会在降解中的有机物上产卵，产卵后即死亡；幼虫呈C形，身体坚实褶曲而有毛，头部和脚细小，生长得很快，秋天前已脱壳两次，会在有食物处过冬，包括堆肥、肥料、霉叶或腐朽的木上等；常6～7月结蛹；化蛹时，会用粪便和土壤做成一个土茧壳包裹在蛹的外面来抵御寒冬。春末是羽化的高峰期，蛹咬破土茧，蜕去最后一层外壳羽化为成虫。

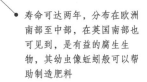

寿命可达两年，分布在欧洲南部至中部，在英国南部也可见到，是有益的腐生生物，其幼虫像蚯蚓般可以帮助制造肥料

别名：玫瑰金龟子　│　**分布**：欧洲南部至中部、英国南部及我国内蒙古和新疆

金花金龟

| 虎皮斑金龟 ▶ | 金龟子科，花金龟属 | *Trichius fasciatus* L. | Tiger-spot beetle |

虎皮斑金龟

观察季节：春、夏、秋季，5～8月较常见
观察环境：林间、花丛、农业区

　　虎皮斑金龟长得十分漂亮，头部和前胸背板为黑色，小盾片短小，几乎呈半圆形，上面长满黄色绒毛，当阳光照射时，好像在闪闪发光，绚丽夺目。它的翅基部黄色，穿插了几块黑色条带，使翅看上去像有老虎的斑纹，所以它又被称为"虎皮斑金龟"。

形态 虎皮斑金龟成虫体长约10毫米，头部和前胸背板黑色，唇基长稍大于宽，密被黄色长绒毛；小盾片短小，呈半圆形，密布刻点和黄绒毛，常闪着金属光泽。鞘翅较短宽，呈褐黄色或褐红色，近于长方形，每个翅有3条横向黑色条带，基部和翅端各1个，中部1个。胸和腹部的背面覆盖白色的细密绒毛。臀板较为宽大，雄虫的更为突出。

习性 **活动**：翅鞘下垂时可以快速地飞行，飞行起来十分敏捷，成虫昼出夜伏，通常上午10点以后活动于海拔较高的地带。**食物**：以接骨木、珍珠梅、榆树等为寄主，常吃花、花蜜及花粉。**栖境**：主要生活在低海拔山区。**繁殖**：雌雄成虫交配后，雌虫会在合适的位置产卵，产卵后即死亡；幼虫呈"C"形，身体坚实褶曲而有毛，头部及脚细小，头部为黄色，并于6～7月开始结蛹；化蛹时，会用粪便和土壤做成一个土茧壳包裹在蛹的外面来抵御寒冬；春末蛹咬破土茧，蜕去最后一层外壳羽化为成虫。

● 头部和前胸背板、腹部长满浓密的绒毛

● 黄黑相间，似虎皮斑纹

▶ **别名**：束带斑金龟 | **分布**：欧洲大部、太平洋东部及我国黑龙江、吉林、辽宁、新疆

白星花金龟

观察季节：春、夏、秋季，5~9月较常见
观察环境：果园、农场，尤其是种植玉米、大麻的农场

白星花金龟体型中等，身体常为椭圆形，背面较平，颜色多为古铜色或青铜色，有的足为绿色，体背面和腹面散布很多不规则的白色绒斑，看上去闪闪发亮，又被称为"白纹铜花金龟"。

前胸背板上通常有2~3对或排列不规则的白色绒斑

成虫取食玉米花丝，多在玉米吐丝授粉期至灌浆初期为害，群集在玉米雌穗上，从穗轴顶部花丝处开始逐渐钻进苞叶内，取食正在灌浆的籽粒，严重影响鲜食玉米的产量和品质，被害玉米穗花丝脱落，籽粒被食，严重减产，遇雨水浇淋易引发病害

形态 白星花金龟体型中等，体长17~24毫米，体宽9~12毫米，身体椭圆形，背面较平，体较光亮。触角深褐色。前胸背板长短于宽，两侧弧形，基部最宽，后角宽圆。鞘翅宽大，肩部最宽，后缘圆弧形，缝角不突出；背面遍布粗大刻纹，白绒斑多为横波纹状，多集中在鞘翅的中、后部。臀板短宽，密布皱纹和黄绒毛，每侧有3个白绒斑，呈三角形排列。

习性 **活动**：成虫白天活动，飞翔能力较强，但早晚或阴天温度低时不活动，且有假死性，易于捕捉。**食物**：成虫取食玉米、小麦、果树、蔬菜等多种农作物，尤喜食玉米，既吃玉米花丝也吃玉米粒；幼虫多以腐败物为食，常见于堆肥和腐烂秸秆堆中。**栖境**：常生活在果园、农场等植被茂盛的地方，尤其是玉米大麻种植区。**繁殖**：一年发生一代。成虫5月出现，7~8月为发生盛期，成虫产卵于含腐殖质多的土、堆肥和腐物堆中；幼虫多以腐败物为食，以背着地，足朝上行进，在土中越冬。

别名：白星花潜 | **分布**：亚洲地区，包括我国东北、华北、华东、华中

| 绿蝽 ▶ | 蝽科，蝽属 | *Acrosternum hilare* Say | Green stink bug |

绿蝽

观察季节：每年春、夏、秋季
观察环境：果园、花园、林场、农场

　　绿蝽肩的体色随着生长期变化而变化，逐渐变为全绿色，当它受到突然接触或震动时会"装死"，全身卷曲，或从植株上坠落地面，一动不动，片刻才又爬行或飞起。这是它保命的看家本领，但也会招来杀身之祸，因为人们常用骤然振落法捕杀具有假死性的害虫。

体色随着生长期的变化而变化，逐渐变为全绿色

形态 绿蝽成虫体长1.5～2.2厘米，身体长盾形，呈明亮的绿色，边缘为黄色、橘黄色或红色。触角为丝状，5节。肩的边缘呈黑色，其上有许多黑色粗大刻点。前胸背板前缘两侧呈角状突出。

习性 **活动**：受到突然接触或震动时，全身即刻表现出一种反射性的抑制状态，身体卷曲，或从植株上坠落地面，一动不动，过一会儿，才又爬行或飞起；当它遇到天敌时会释放一种恶臭的液体，迷惑敌人，使敌人不敢靠近而退却。**食物**：杂食性，刺吸茄子、番茄、四季豆、毛豆等蔬菜的汁液。**栖境**：北美洲的果园、花园、林场、农场等地。**繁殖**：在南部地区每年繁殖2代，在北部地区每年繁殖1代。成虫在树叶背面产两排卵，数目一般多于12个；卵为桶形；幼虫初期的颜色比较淡，并带有条纹，在生长过程中逐渐变为绿色。

成虫及若虫有臭腺，遇敌立即放出恶臭

| ▶ | **别名**：不详 | **分布**：北美洲及我国两广、福建、浙江、江西、湖南、湖北、四川 |

稻绿蝽

观察季节：热带一年四季，亚热带的春、
夏、秋季

观察环境：花丛、果园、农业种植区，尤
以甜橘种植区为主

稻绿蝽的身体形态分为全绿型、点斑型
和黄肩型，交配繁殖后在形态上产生更多变
化。当早稻抽穗扬花至乳熟期，出现的第1代成
虫及第2代若虫集中为害稻穗，给我国的水稻产业
造成巨大危害。

以成虫在杂草丛或在土、石缝、
树洞中等隐蔽处越冬

形态 稻绿蝽雌性成虫体长约13.1毫米，雄性体长约
12.1毫米，身体呈盾形，体色青绿。复眼为红色或黑
色。小盾片长三角形，末端超出腹部中央，前缘有3
个横列小黄白点。前翅长于腹末，爪末端为黑色。

习性 **活动**：早晨和傍晚时活动能力较弱，白天时
较强，常在柑橘产区吸食果汁，成虫在各种寄主上
或背风荫蔽处越冬。**食物**：以水稻、豆类、柑橘、
芒果、龙眼、荔枝、棉、烟、茶、花卉等许多植物为
寄主，也以多种植物为食，刺吸顶部嫩叶、嫩茎等处的
汁液。**栖境**：主要生活在南半球的热带及亚热带地区，喜欢温
暖，当温度低于5℃时会大面积死亡，由于全球气候变暖，在北半球也有分布。**繁
殖**：一年发生4代，世代重叠，雌虫一生交尾1～5次，交尾后产卵。卵多产在叶背
等处，每块有19～132粒。初孵若虫在原卵壳上栖息，1～2龄开始取食，2龄后逐
渐分散活动。

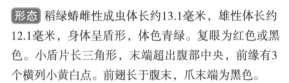

同型或异型的雌雄个体
可以互相交配，所产子
代有体型分化现象

颜色存在变种现象，
形态上多变

别名：不详 | **分布**：美洲、非洲、亚洲、澳洲热带和亚热带及我国甜橘产区

| 红菜蝽 ▶ | 蝽科，菜蝽属 | *Eurydema ornate* L. | Red cabbage bug |

红菜蝽

观察季节： 春、夏、秋季，4～9月较常见
观察环境： 花园、农作物种植区，尤其是十字花科植物的种植区

红菜蝽的命名有一段历史：1962年，杨惟义在《中国经济昆虫志》中称之为"甘蓝蝽"；1975年，在八一农学院编的《新疆农业害虫及防治》讲义中，张学祖根据学名中的种名"ornate"（"装饰""修饰"）结合此蝽并非以甘蓝为主要寄主，加上其外形特点，将之称为"红菜蝽"。

上午10点钟以后活动逐渐加强，2点以前活动最盛，下午4点以后活动又加强

油菜生产上的重要害虫

形态 红菜蝽成虫体长8～10毫米，身体呈红色。头部黑色，有狭红边。前胸背板有6个黑斑分为前后两列，前列两个，后列四个。腹部背面为黑色，腹面红色，两侧各有两列黑点，中部有连成一片的长三角形黑斑。

成虫和若虫喜欢聚在花序轴上取食

习性 **活动：** 成虫喜光和干燥，清晨活动弱。当田间气温偏低、大风降雨时不活动，常躲在油菜植株下部。天敌是缘腹细蜂科的昆虫。**食物：** 以十字花科植物和杂草为食，成虫和若虫均以针状口器刺进植物内部吸食养料。**栖境：** 欧洲、北美、亚洲的东部和南部山间，农业种植区，尤其是油料作物种植区。**繁殖：** 一年发生2代，越冬成虫于4月下旬在野生十字花科杂草上取食，5月中旬产卵，卵期6～11天；卵产在油菜植株叶片背面，12粒为一块，双行交错排列；下旬卵开始孵化，清晨若虫突破卵盖而出，聚集在卵块上；若虫一般5龄，若虫期19～27天。成虫羽化发生在每天午后，初羽化成虫为米黄色，13小时后逐渐变为红色，3～5天后变为稳定的红色，以成虫在十字花科杂草的枯枝落叶及土块下越冬。

▶ **别名：** 红菜蛤 | **分布：** 欧洲、北美洲、亚洲的东部和南部及我国新疆

东方原缘蝽

观察季节：春、夏、秋季，6~9月较常见

观察环境：花丛、田间、农场等植被密集区，如灌木丛等

东方原缘蝽成虫体色为棕色，腹部较宽，腹部末端逐步变尖，好像一个心形，看上去十分有趣，有些类似于蛙类。它可不是什么益虫，喜欢以农作物的叶片、茎秆和种子为食，常带来巨大的农业损失。

成虫喜花

形态 东方原缘蝽成虫体型中等大小，体长13~14.5毫米，宽6.5~7.5毫米，身体呈窄椭圆形，棕褐色，被细密小黑刻点。头部较小，为椭圆形。触角4节，多为红褐色，第1节最粗，第2节最长，第4节长纺锤形。前胸背板前角较锐，侧缘直，侧角突出；小盾片小，为正三角形。腹部侧接缘显著，各节中央颜色较浅。足腿节深褐色，腿、胫节上布细密黑刻点。爪黑褐色。

成虫和若虫喜在花、嫩茎、嫩叶上吸食汁液，以菊科植物和蔷薇科植物居多

习性 **活动**：成虫喜光和干燥，清晨活动弱，上午10点以后活动逐渐加强，2点以前活动最盛，下午4点以后活动又加强。**食物**：杂食性，以多种植物为食。**栖境**：常生活在未开垦的荒地上或植被密集区，如灌木丛中。**繁殖**：越冬成虫在5月下旬~7月上旬产卵，卵较大，棕色；经过3~4周孵化为幼虫；幼虫取食植物叶片或茎秆，也以植物种子为食；8月中上旬幼虫发育为成虫，常以成虫越冬。

前翅达腹末端，膜质部深褐色且透明，有很多纵脉

别名：不详 | **分布**：俄罗斯、朝鲜、日本及我国河北、北京、东三省、山西、四川、云南

棉二点红蝽

观察季节： 春、夏、秋季

观察环境： 花园、农业种植区等

棉二点红蝽就是棉红蝽，当它停落在植物叶片上时，从空中俯瞰下去它长得有些像扑克牌上的鬼脸。它的黑色小盾片和革片上的黑斑，看上去就像有两块黑点在背部，所以被称为"棉二点红蝽""二点星红蝽"。

相对湿度40%～80%，高温低湿年份利于该虫发生

胸部、腹部腹面红色，具白横带

形态 棉二点红蝽成虫体长12～18毫米，宽3.5～5.5毫米，头、前胸背板、前翅赭红色。触角黑色，共4节，第一节基部朱红色较第二节长。小盾片黑色，革片中央有一块椭圆形大黑斑。腹片黑色。胸部、腹部腹面红色。各足基节外侧有弧形白纹，各足节颜色为红黑相间。

习性 **活动：** 成虫不善飞，但爬行迅速。天敌是寄蝇、猎蝽、食虫红蝽、鸟类等。

食物： 常取食棉等锦葵科植物，偶食甘蔗、玉米等禾本科植物，成虫、若虫的喙穿过棉花铃壳吸食发育中的棉籽汁液。**栖境：** 常生活在温暖且植被丰富的环境中，如花园、农场等。**繁殖：** 一年发生2代。羽化后的雌虫开始交配，交配后10多天产卵，产卵1～3次；卵椭圆形、黄色、表面光滑，一般20～30粒一堆，产在土缝或枯枝落叶下或根际土表下，有时产在棉铃苞叶或棉絮上，卵期6～7天；幼虫共5龄，幼虫期15天左右，喜群集，初孵幼虫黄色，12小时后变红。以卵在表土层越冬，部分以成虫和幼虫在土缝或棉花枯枝落叶下越冬。

棉花的天敌，成、若虫的喙会穿过棉花铃壳吸食发育中的棉籽汁液，致棉籽和纤维不能充分成熟

| 猎蝽 ▶ | 猎蝽科，猎蝽属 | *Rhynocoris iracundus* Poda | Assassin bug |

猎蝽

观察季节：春、夏、秋季

观察环境：石块或树皮的下面、室内

猎蝽在世界上最致命的动物中排名第六。它长得其貌不扬，也有人认为它是世界上最丑的昆虫，但它相当聪明，十分善于伪装，常会刺穿猎物，吸干猎物的

用钢针般的喙扎进猎物体内，注入毒素麻痹对方，在极短时间内使猎物内脏液化

体液，然后将整个尸体放到自己背上，所以人们经常可以看到它的背上满满当当全是干瘪的蚂蚁尸体，尽管负担沉重，但这是完美的伪装方式——无论从视觉还是嗅觉上，这些尸体都能提供装甲一般的保护功能。

形态 猎蝽属于大型昆虫，体长10～25毫米，与其他半翅目昆虫具有艳丽色彩不同，它全身黑色或泥土色，身体呈长条形。头窄，头后有细窄颈状构造。喙较短，为弓形，分为三节，纳入前胸腹面的纵沟内。前背板较宽，几乎为长的两倍，为黑色。腹部颜色为红、黑条带相间。足上带有红色的条纹。

多数生活在户外，捕食其他昆虫，但有的吸哺乳类包括人的血液，并传播疾病

习性 **活动**：若虫常用灰尘伪装自己，既可以欺骗猎物又起到保护作用。伪装常分为自然伪装和尸体伪装，前者以沙粒、植物碎片、蜕、卵壳及其他碎屑为伪装材料，后者以一些猎物的空壳为伪装材料，多堆积呈鬼怪状。**食物**：常以蚂蚁、白蚁、蜜蜂等为食物。**栖境**：多种多样的陆地环境，如森林、农田、仓库、住房、畜圈、石下、缝中、草原、沙漠等。**繁殖**：一生分三个阶段：卵、幼虫、成虫。羽化后的雌虫开始交配，交配数天后开始产卵，一般将卵产在土缝或枯枝落叶下或根际土表下，有时产在石块或树皮下方；幼虫共5龄，喜群集。

| ▶ | **别名**：不详 | **分布**：中欧、北美洲的南部 |

| 豹灯蛾 ▶ | 灯蛾科，灯蛾属 | *Arctia caja* L. | Garden tiger moth |

豹灯蛾

观察季节：春、夏、秋季，6～8月较常见
观察环境：比较湿润的环境，如公园、河畔、草场及植被茂盛的树林

豹灯蛾的翅膀看上去十分像豹纹，加之它又十分喜光，所以被称为"豹灯蛾"。

形态 豹灯蛾体型较大，身上毛茸茸的，色彩十分艳丽。头、胸部为红褐色。触角基节红色，上方白色，下唇须红褐色。颈板前缘具白边，后缘具红边。胸部背面有褐色长毛。翅展58～86毫米，前翅红褐至黑褐色，基线上的白色纹在中脉处呈折角状；后翅为橙红或橙黄色。腹部背面红色或橙黄色，除基部与端部外背面具黑色短带，腹面黑褐色。

所吃植物使身上散发一股难闻味道，能避免被鸟类捕食

习性 **活动**：每年8月活动最为旺盛，成虫具有趋光性，多在夜间活动，常出现在多种农作物上，造成巨大危害。**食物**：成虫常以玉米、谷子、高粱、棉花的叶片为食；幼虫常以桑、甘蓝、蚕豆、大麻等植物的叶片为食。**栖境**：常生活在比较潮湿的环境中，如公园、河畔、植被茂盛的树林，海拔3000米的环境中也有分布。**繁殖**：一年繁殖一代，成虫常在7月产卵，卵产在较低的植物叶片上；8月孵化为幼虫，幼虫体黑色，具密集的黑色或灰白色毛，接触其毛可致刺痛，常在隐蔽的环境中越冬；次年6～7月化蛹，7～8月羽化为成虫。

胸部背面长有褐色的长毛

前翅上生有白色和棕色花纹，后翅呈橙色，上有斑点

▶ | **别名**：不详 | **分布**：日本、俄罗斯、欧洲大陆、美国及我国东三省、内蒙古等

白纹红裙灯蛾

观察季节：亚热带的一年四季，每年2~5月、9~11月较常见

观察环境：农田、灌木丛

白纹红裙灯蛾是一种异常美丽的灯蛾，身材较为匀称，有一对长长的前翅，黑色，上面镶嵌着一些白色花纹。它还有一对红艳似火的后翅，当前翅外展时便会露出，就像穿了一条红色的花裙子。

后翅红色，具黑色斑纹

形态 白纹红裙灯蛾成虫中等大小，翅展约50毫米。身体前端有一对触角，黑色，前端弯曲。头较小，三角形，前端较尖。胸部占身体比例较小，其上被细密黑色绒毛。前翅黑色，其上带有黄色和白色斑点，黄色多分布在翅的前端，白色多分布于后侧，这些斑点在阳光照射下均闪绿色光芒；后翅为红色，与前翅相比较短，其上带有黑色斑点。

习性 **活动**：每年6~7月为活动旺盛期，常在阳光明媚的白天飞行，成虫有趋光性。

食物：幼虫为杂食性，可以多种寄主植物为食，多以紫草科植物、荨麻科植物、蓟属植物、沼生勿忘草等为食。**栖境**：常生活在较为湿润的环境中，如潮湿的森林、沼泽边缘地带、沟渠边缘，以及海岸线附近等。**繁殖**：一生经过卵、幼虫、蛹和成虫4个不同发育阶段。雌雄成虫常在每年的6~7月交配，雌性多将卵产在寄主植物的叶片背面，卵期约7天，然后孵化为幼虫，幼虫体长15毫米，常在寄主植物上取食或处于静止状态；幼虫分为3龄，随其发育可取食宿主植物周围的植物，以老熟幼虫结茧化蛹；蛹常存在于枯枝废叶中，最后经适宜的温度，蛹羽化为成虫。

前翅黑色，
具白色斑纹

别名：红裙灯蛾 | **分布**：土耳其、高加索及英国的北部

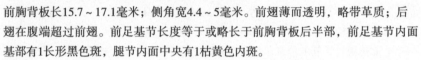

薄翅螳螂

观察季节：春、夏、秋季
观察环境：树丛、草丛、室内等多种环境可见

受惊时振翅沙沙作响，显露鲜明的警戒色

薄翅螳螂的鬼斧神工之处在于它那薄纱般美丽的双翅。它是一种绝情的动物，交配后为了后代生长，雌体即以雄体为食，雄性表现得心甘情愿。

[形态] 薄翅螳螂体型中等大小，成虫体长47～60毫米，与雄虫相比，雌虫较长。身体淡绿色或淡褐色，前胸背板长15.7～17.1毫米；侧角宽4.4～5毫米。前翅薄而透明，略带革质；后翅在腹端超过前翅。前足基节长度等于或略长于前胸背板后半部，前足基节内面基部有1长形黑色斑，腿节内面中央有1枯黄色内斑。

[习性] **活动**：迅速敏捷，常在田间捕食各种害虫，行动时使用中、后足，前足为捕食足，股节腹面有沟，沟两侧有刺列，胫节下部可嵌入沟内。**食物**：在棉田可捕食棉铃虫、地老虎、烟青虫、黏虫、盲蝽、棉蚜、叶蝉、蝼蛄等。**栖境**：常生活在树丛、草丛、山间、农业区等植被茂盛的地方。**繁殖**：一年发生一代，雌雄交配后雌虫20天左右即可产卵，一生可产1～2个卵鞘，每个含卵200粒左右，以卵鞘越冬；翌年5月下旬～6月上旬孵化，雄性若虫有7～8个龄期，雌性有6～7个龄期；2月上旬开始出现成虫，经10天后开始交配，历时3～4小时，有多次交配习性；9月以后成虫陆续死亡。

刀尖嫩黄色，双刀上分布着的黄黑色斑点

捕食时以有刺的前足牢牢钳住猎物

别名：欧洲螳螂 | **分布**：欧洲、亚洲、非洲、北美洲及我国新疆、甘肃、湖北、广东、陕西

椎头螳螂

观察季节：春、夏、秋季

观察环境：阳光充足的草丛、矮树丛

取食蟋蟀，会捕食体型是自己一半大小的；捕食其他螳螂，可以吃掉体重110%的

椎头螳螂的形状非常奇特，它长得细长、形状给人一种摇摆不定的感觉，头也十分怪异，面孔是尖形的，胡须长而卷曲，两只眼睛又大又突出，两眼之间还长着锋利的短剑，前额上戴着一顶奇怪的"尖帽子"。初次见到这种昆虫，绝对没人敢去碰它，这顶"尖帽子"像高高的僧帽，使它看起来像是古代的占卜家。

形态 椎头螳螂的牙齿非常尖锐，像锯齿一般。上臂与前臂形成一把老虎钳，上臂的钳口中间有一道沟，两边各长着五根长刺，还有一些小锯齿，前臂的钳口也有一道沟，没有长刺，只有一些排列整齐、很细密的小锯齿。胸部突起又长又直。四条腿又细又长，每一条腿上大腿与小腿相连的地方长着一把刀片。

习性 **活动**：迅速敏捷，常在田间捕食各种害虫，行动时使用中、后足，前足为捕食足，股节腹面有沟，沟两侧有刺列，胫节下部可嵌入沟内，捕食时，以有刺的前足牢牢钳住猎物。**食物**：常用前腿来捕食猎物，食量不大。**栖境**：常生活在树丛、草丛、山间、农业区等植被茂盛的地方，且生活地点多阳光充足。**繁殖**：一年发生一代，雌雄交配后雌虫约20天产卵，一生可产1～2个卵鞘，每个含卵约200粒，以卵鞘越冬；翌年5月下旬～6月上旬孵化，雄性若虫有7～8个龄期，雌性有6～7个龄期；2月上旬出现成虫，经10天后开始交配，历时3～4小时，有多次交配习性。9月以后成虫陆续死亡。

尾部常常向背上卷起，成一个钩的形状

胸部突起为圆形，很细，像草茎

叶状的鳞片铺垫在它们身下，这些鳞片并列成三行

当雄虫不愿交配时，雌虫把它看作猎物捕食，即使雄虫的头部被吃掉，也可以有效地交配

魔花螳螂

观察季节：春、夏、秋季

观察环境：树丛、花丛中

　　魔花螳螂外形艳丽，身上有红色、白色、蓝色、紫色、黑色等多种颜色，这可不仅是为了美丽，也是为了保护自身来威吓敌人。它数量稀少，是所有能模拟花朵的螳螂种群中体型最大的一种，也被人们称为"螳螂之王"。

形态　魔花螳螂雄性体长8～11厘米，雌性体长10.5～13厘米。头部由复眼、触角和下颌骨组成，雄性触角左右分隔较宽，雌性触角较长、左右触角分隔较窄及向上垂直。胸部占身体比重较大，分为3部分，为前胸、中胸和后胸。成虫的雌性和雄性的腹节数不同，雄性为8节，雌性6节或7节。

捕食时常模拟花朵，静止不动，诱惑猎物进入进攻区，然后用腿的胫节部位死死地抓住猎物进行捕食

习性　**活动**：行动迅速敏捷，遇到天敌时，常会抬起前腿暴露出前胸及腹部的斑纹，并且翅膀颜色会变得琢磨不定，左右摇摆，以便迷惑敌人。**食物**：捕食飞虫，常以苍蝇、蟑螂等为食。**栖境**：常生长于非洲热带草原气候地带，喜温暖但不潮湿的环境。**繁殖**：雌性进入繁殖期后，会将腹尖位置降低，将腹部大部分暴露出来，以便更好地与雄性交配，交配完成后一段时间即开始产卵，卵产在卵鞘中，每个卵鞘10～50个卵粒；卵孵化为幼虫的时间一般由所处温度及湿度来确定；幼虫发育为成虫所需时间为7～8个月。

雄性寿命约9个月，雌性约12个月，长短与温度及饲料有关，温度较高及喂食较多会促进新陈代谢，成长快，亦会缩减生命周期

別名：不详　|　分布：埃塞俄比亚、索马里、肯尼亚、马拉维、坦桑尼亚和乌干达

林木昆虫

138~202页

十七年蝉

观察季节：春、夏、秋季，5～9月较常见

观察环境：树丛、建筑物、停车场的隐蔽处

停留在树干上的蝉蜕，会逐渐被风雨吹打落至地面

十七年蝉是美国中西部的蝉，它最稀奇之处是每17年出现一次。一般的蝉有3～9年生活史，这种蝉在地下生活的时间长达17年，获得了昆虫世界里"最长寿"的头衔。当它17年后羽化而出时，雌雄交配，而后雄性死亡，雌性在产卵后也死亡，这种独特的生命周期可能是为了物种的延续。

形态 十七年蝉体型大中型，躯体呈黑色，包括头、胸、腹、四肢等部分。它的眼红色，能发光。胸部背面为黑色。腹部带有橘黄色的横向宽条纹。翅膀黑褐色半透明，有脉络，翅脉红色，闪着金属光泽。

习性 **活动**：飞行速度缓慢，经常会撞到包括人在内的一些东西。**食物**：穴居时常吮吸树根为生。**栖境**：树丛、电线杆、建筑物或停车场的隐蔽处。**繁殖**：在地底蛰伏17年，第17个春天过去后，4月开始打洞，土壤温度达到18℃后，从洞中出来爬上距离最近的垂直物体，如树、灌木、电线杆甚至蒲公英的茎上蜕皮，几个小时后翅膀变硬，躯体也会变硬。它们会"高歌"，然后交配，雄蝉交配后即死去，母蝉亦于产卵后死去。

个头较大，红眼睛黑身子，模样颇为凶悍

红红的眼睛还能发光，晚上看上去就像两点极小的火光，对人类无害，飞行速度缓慢，常会撞到人或物体

穴居十七年破土而出，爬至地面，爬上树枝羽化，然后交配，死亡

别名：周期蝉、布鲁德蝉 | **分布**：加拿大和美国

澳洲绿蝉

观察季节： 春、夏、秋季，5~9月较常见
观察环境： 公园、灌木丛

澳洲绿蝉身体呈现绿色较多，实际上它有很多种其他颜色，如黄色、黑褐色、蓝绿色等。有人称黄色的澳洲绿蝉为"黄色星期一"、黑褐色的为"巧克力士兵"、蓝绿色的为"蓝月亮"，十分有趣。

羽化进行中，成虫从幼虫裂开的背部钻出

蝉蜕

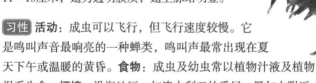

形态 澳洲绿蝉体长约4厘米，身体颜色有多种，最常见的是绿色和棕黄色。头、胸、腹三部分颜色常相同。触角较短。眼睛较大，红色。头部与其他蝉相比较尖。腹部分节，末端较尖。翅展11~13厘米，翅为透明膜质，翅上脉络明显。

习性 活动： 成虫可以飞行，但飞行速度较慢。它是鸣叫声音最响亮的一种蝉类，鸣叫声最常出现在夏天下午或温暖的黄昏。**食物：** 成虫及幼虫常以植物汁液及植物根系为食。**栖境：** 沿海地区，如澳大利亚的悉尼、墨尔本附近，以及美国的蓝岭，在海拔大于300米的布里斯班也存在，所处环境中一般有桉树。**繁殖：** 蛰居地下长达七年，以吸取植物根部汁液为食，然后在第七个年头的5月转移到地面上来，通常在树木或电线杆上蜕皮，随后翅膀变硬，可以飞行，然后夏天进行交配、繁殖。成虫在地面上只有6个星期，交配完成后雄蝉死去，产卵后雌蝉也死去。雌蝉通常将卵产在卵鞘中，每个卵鞘含有10~50个卵粒。

颜色多样，在澳洲极为常见，尤其是东南沿海地区

翅脉颜色一般与身体颜色相同

别名： 不详 | **分布：** 澳大利亚的东南部

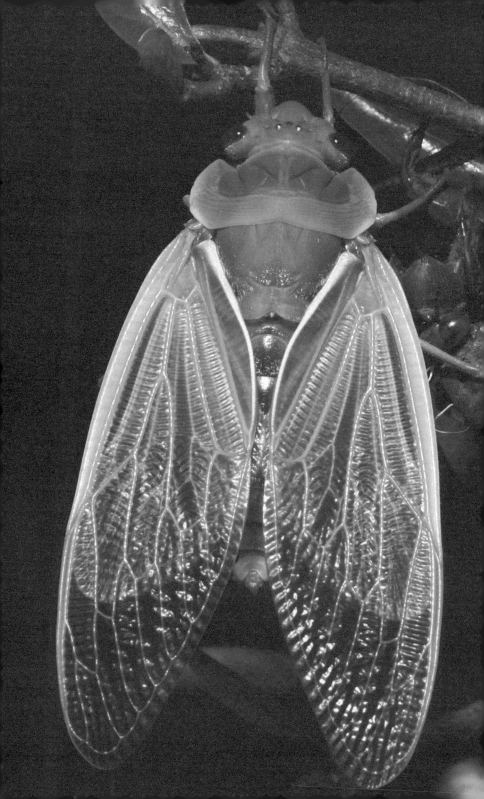

澳洲绿蝉

伏蝉

观察季节：春、夏、秋季
观察环境：树丛、草丛、花丛等

伏蝉是一种常见的蝉，头部看起来十分宽广，《诗经》上的"螓首蛾眉"中的"螓"指的就是伏蝉。它的鸣叫声高昂尖锐，像电锯在锯树木的声音，在夏天十分扰人。

形态 伏蝉成虫体长27～33毫米，身体几乎为黑色，体长较短，腹部为白色，像涂了一层白粉；背部以褐色为主，带有绿色或者黄色的花纹。翅展82毫米，翅为黑褐色半透明，有脉络；翅脉呈绿色，尤其是在靠近翅基部的位置。

刚刚从蝉蜕中羽化的新蝉，全身娇嫩，翅膀尚未展开

习性 **活动**：生长的地域性很强，常有"伏蝉不过河"的说法。夏季每天天刚亮就开始鸣叫，此起彼伏，格外响亮，吵得人不能睡觉。它的叫声很急促，常在一棵树上叫几遍，就飞到另一棵树上，常落在树干上，离地面不高。**食物**：幼虫以树的汁液、树根为食。**栖境**：树种多样的森林中。**繁殖**：成虫交配后，雌蝉就用剑

一样的产卵管在树枝上刺一排小孔，把卵产在小孔里；经过一段时间后，幼虫从孔中孵化出来，待在树枝上；秋风把它们吹到地面上，它们马上寻找柔软的土壤往下钻，钻到树根旁边，以吸食树根的液汁为生。幼虫经过多次蜕皮后长成成虫，成虫的寿命很短，入秋后即死亡。

成虫羽化后颜色会由嫩绿色逐渐变深，直至变为黑褐色

别名：不详 | **分布**：美国北部、加拿大南部及我国大部分省份

蒙古寒蝉

观察季节：春、夏、秋季

观察环境：树林、果园、公园

长得并不是很好看，眼睛大大的、棕绿色，突出于身体的前端

蒙古寒蝉长得十分粗壮，显得"矮粗胖"，身体灰灰的，颜色一点都不鲜艳。它的叫声在蝉类中算是很好听的，而且它喜欢干净的环境，有研究者认为可以将它作为"环境的指向标"。

形态 蒙古寒蝉体型较小，成虫体长28～35毫米，全身为浅灰色，上面长有绿色斑块。身体前端有一对黑色触角，又细又短。眼较大且十分突出，呈棕绿色。翅膀很长，长度几乎是腹部的两倍；翅透明；翅脉呈黑色网状。腹部粗大，呈长椭圆形，向后逐渐变尖。雄性有发声器，雌性腹部末端有明显突出的产卵器。

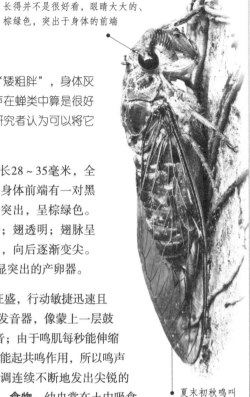

习性 **活动**：成虫每年7～9月活动旺盛，行动敏捷迅速且十分敏感，不易捕捉；雄性腹部有发音器，像蒙上一层鼓膜的大鼓，鼓膜受到振动而发出声音；由于鸣肌每秒能伸缩约1万次，盖板和鼓膜之间是空的，能起共鸣作用，所以鸣声特别响亮，并轮流利用各种不同声调连续不断地发出尖锐的声音。雌性不发声，但腹部有听器。**食物**：幼虫常在土中吸食植物的根，成虫常吸食植物的汁液。**栖境**：常生活在植被茂盛的

夏末初秋鸣叫最响亮

地方，尤其是一些树木上，如果树和乔木。**繁殖**：属不完全变态类，由卵、幼虫经过数次蜕皮、不经过蛹的时期而发育为成虫；雌雄交配后，雌蝉常在树木枝条上产卵，卵为乳白色，长椭圆形；幼虫的生长发育皆在地下，将要羽化时钻出土表，爬到树上然后抓紧树皮，蜕皮羽化。

翅膀非常长，几乎是腹部长度的两倍

腹部圆圆的，向末端逐渐变尖

雌蝉不会鸣叫，秋渐深后会陆续死亡，从树上跌落至地面

别名：不详 | **分布**：我国各地

长鼻蜡蝉

观察季节：春、夏、秋季，4～9月较常见
观察环境：公园、树丛、果园

长鼻蜡蝉成虫十分美丽夺目，它的前翅斑纹交错，色彩亮丽。人们非常喜欢它美丽的身段，2000年香港发行了一套4枚昆虫邮票，其中一枚便是长鼻蜡蝉。

头背面为褐色，微带有绿色光泽

形态 长鼻蜡蝉体长20～23毫米，翅展70～81毫米。头上有向前上方弯曲的圆锥形突起，头突15～18毫米。复眼黑褐色，触角短小，第2节较为膨大。胸前胸背板中间有2个深凹的小坑，中胸背板前方有4个锥形的黑褐色斑。腹背面为黄色，腹面黑褐色。腹末肛管黑褐色。前翅底色烟褐色，脉纹网状，绿色并镶有黄边，全翅呈现墨绿至黄绿色，后翅黄色，顶角存在一褐色区。

习性 **活动**：每年4月为活动旺盛期，若虫善弹跳，成虫善跳能飞，受到惊扰若虫便弹跳逃逸，成虫则迅速弹跳飞逃。**食物**：若虫及成虫取食多种南方果树如龙眼、荔枝、黄皮、番石榴等的汁液。**栖境**：亚热带、温带的温暖地带，栖息在龙眼、荔枝、黄皮、番石榴等果树上。**繁殖**：一年繁殖一代。每年3月上中旬转移到地上活动，5月交尾，7～14天后产卵。卵多产在约2米高的树干平坦处或枝条上。雌虫一般产1卵块，每块有60～100粒，卵期19～30天。6月卵孵出若虫，若虫静伏在卵块上1天后分散活动。9月出现新成虫。

并非善类，喜欢吸食果树汁液，尤其是龙眼树，所以又被称为"龙眼鸡"

斑衣蜡蝉

观察季节：春、夏、秋季，4～10月较常见

观察环境：花丛、花园及植被茂盛处

斑衣蜡蝉在生长过程中身体颜色变化很大，当它还是小若虫时，身体为黑色，上面有许多小白点。俗话说"女大十八变"，长到大龄若虫时，它就变得十分漂亮，通红的身体上长满黑色和白色斑纹，像穿了个花衣服。成虫后翅基部变为红色，飞翔起来非常靓丽，像一个花仙子在翩翩起舞。由于它的成虫、若虫特别喜欢跳跃，又最喜食臭椿，所以民间又俗称它"花姑娘""椿蹦""花蹦蹦"。

形态 斑衣蜡蝉成虫体长15～25毫米，翅展40～50毫米，全身灰褐色。它头角向上卷起，呈短角突起。前翅革质，基部约有2/3为淡褐色，翅面具有20个左右的黑点，端部约1/3为深褐色。后翅膜质，基部鲜红色，有黑色斑点，端部为黑色，体翅表面附有白色蜡粉。

习性 **活动**：成虫和若虫常群集在叶背、嫩梢上吸食植物汁液，栖息时头翘起，有时可数十只群集在新梢上排列成一条直线。成虫及若虫均以跳跃进行活动，跳跃起来十分迅速、敏捷。**食物**：以樱、梅、珍珠梅、海棠、桃、葡萄、石榴等花木为寄主，特别喜欢臭椿。**栖境**：常生活在干燥炎热的地方，常聚集在树干、树枝分叉处。**繁殖**：一年发生1代，成虫8月中旬交尾、产卵，卵多产在树干向阳处或树枝分叉处，每块卵有40～50粒，多时可达百余粒；卵块排列整齐，表面覆盖有白蜡粉，以卵在树干或附近建筑物上越冬。翌年4月中下旬～5月上旬孵化为若虫，若虫经三次蜕皮，在6月中旬～7月上旬羽化为成虫。

在布满圆点、白粉的前翅的掩盖下，是基红端黑的鲜艳后翅

飞翔力较弱，但具有极强的弹跳能力，可蹦出较远距离

别名：椿皮蜡蝉、椿蹦、花蹦蹦 | 分布：越南、印度、韩国、美国及我国各地

斑衣蜡蝉

| 白蛾蜡蝉 ▶ | 蛾蜡蝉科，蛾蜡蝉属 | *Lawana imitate* Melichar | Unknown |

白蛾蜡蝉

观察季节：春、夏、秋季，4～11月较常见
观察环境：花园、树丛、植被茂盛处

白蛾蜡蝉的前翅略呈三角形，黄白或碧绿色，静止时四翅合成屋脊形覆盖于体背上，看上去很像一只羽毛白色的公鸡，所以人们又称它为"白鸡""白翅蜡蝉"。

形态 白蛾蜡蝉成虫体长19～25毫米，身体白色或淡绿色，被白色蜡粉。头顶较尖，呈锥形突出，颊区具脊。复眼褐色。触角着生在复眼下方。前胸向头部呈弧形凸出，中胸背板发达，背面有3条细的脊状隆起。前翅近似三角形，顶角近直角，臀角向后呈锐角，外缘平直，后缘近基部略弯曲，径脉和臀脉中段为黄色，臀脉基部蜡粉比较多，集中成小白点。后翅白色或淡绿色，半透明。

习性 **活动**：成虫善跳能飞，但只作短距离飞行，栖息时在树枝上排列成整齐的"一"字形。天敌20余种，包括胡蜂科、螺赢科、茧蜂科、瓢虫科、螳螂科和草岭科等。**食物**：常食龙眼、芒果、黄皮、葡萄、荔枝、柑橘、木菠萝、番石榴、人面果、人心果、无花果、扁桃等果树和庭院花卉。**栖境**：成虫及若虫常生活在阴凉干燥处，如较荫蔽的枝干、嫩梢、花穗、果梗上。**繁殖**：越冬后的成虫每年2～3月天气转暖后取食、交尾、产卵，卵多产在枝条、叶柄皮层中，卵粒纵列成长条块，每块有卵几十粒至400多粒；3月下旬～6月孵化出若虫，若虫长椭圆形，略扁平，被白色棉絮状蜡质物；7月下旬～10月若虫羽化为成虫，至11月所有若虫几乎发育为成虫，然后随着气温下降成虫转移到寄主茂密枝叶间越冬。

翅膀边缘呈粉色，
翅脉呈网状

成虫为黄白色或碧绿色，
身体被有白色蜡粉

头呈尖尖的圆锥形，
复眼圆圆的、黑褐色

别名：白鸡、白翅蜡蝉、紫络蛾蜡蝉 | **分布**：我国广西、广东、福建、台湾等省区

水牛角蝉

观察季节: 春、夏、秋季，5 ~ 10月较常见

观察环境: 树丛、草场、花园等植被茂盛处

　　水牛角蝉的身体形状长得有些像美洲水牛，故得名，其长相使很多天敌都不敢靠近。

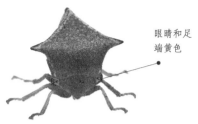

眼睛和足端黄色

[形态] 水牛角蝉体型较小，成虫体长6 ~ 8毫米，身体呈明亮的绿色，表面长满了小刺。翅膀透明，较长。

头部有角，显得威武凶猛

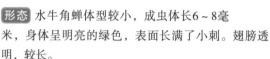

[习性] 活动: 昼出性，气温低于35℃时，成虫10：00 ~ 17：00活动，9时以前栖息在寄主上不活动，受到干扰才飞走；温度高于35℃时，成虫和幼虫均转移到寄主植物的根部土壤缝隙中，晚间仍返回寄主茎秆的中部。**食物:** 常用口器吸食植物汁液，取食洋槐、三叶草、榆树、麒麟草、柳树等，也取食一些果树，如苹果树，常给果业造成巨大损失。**栖境:** 常生活在草丛、灌木丛、开阔场所的树木上，如树林旁边的灌木上、开阔道路两旁的树木上。**繁殖:** 雄性夏季开始鸣叫来吸引雌性，但这种叫声与一般蝉类不同，人类的肉耳不能听见。雄性与雌性交配后7 ~ 10月产卵，雌性的产卵器为刀片状，一次产卵12个左右，卵在树的缝隙中越冬；次年5月或7月，卵孵化为幼虫，幼虫无翅，身体表面有很多小刺，常以草本植物和杂草为食，幼虫经过几次蜕皮后羽化为成虫。

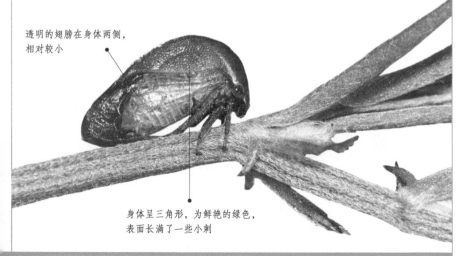

透明的翅膀在身体两侧，相对较小

身体呈三角形，为鲜艳的绿色，表面长满了一些小刺

别名: 不详 | **分布:** 北美、欧洲的大部分地区

黄花蝶角蛉

观察季节： 春、夏、秋季

观察环境： 公园、森林等植被比较茂盛、原始处

　　黄花蝶角蛉翅膀颜色鲜艳靓丽，飞行速度很快，当它在阳光下翩翩起舞时，可不是为了展示美丽的翅膀和曼妙的舞姿，而是在捕食其他昆虫，准备饱餐一顿。它的翅膀较长，黑色，上面带有黄色斑点，仿佛一朵朵黄花绣在上面，故被称为"黄花蝶角蛉"。

[形态] 黄花蝶角蛉成虫体长17~25毫米，翅展45~50毫米。头部黑色，长有长毛；触角基部附近长有黑色毛，额两侧无毛，为橙黄色的两片。胸部黑色，前胸有1黄色横线；中胸背板有6个黄色斑点；后胸黑色；胸部侧面为黑色且带有黄斑。腹部黑色，长有黑毛；雄虫腹端有1内弯的夹状突起。足胫节和腿节大部分为黄色。翅长三角形，前翅长18~28毫米，大部分透明，基部为黄色不透明，翅痣褐色；后翅长16~26毫米，中间大部分为黄色，基部褐色，翅端及后缘褐色，翅端在褐色网状的脉间有许多透明斑，翅痣褐色。

头顶及额中央的毛为灰黄色

身体黑色，身被细密绒毛

[习性] **活动：** 飞行速度极快，动作敏捷、迅速，常在阳光下飞行。**食物：** 捕食多种昆虫，如叶蝉、木虱、蚜虫、山楂粉蝶幼虫及多种虫卵，以蚜虫为寄主昆虫。**栖境：** 成虫常生活在植被茂盛且多样的森林、草原中，环境比较原始。**繁殖：** 雌性成虫与雄虫交尾后产卵，卵多产在灌木及草叶上，呈圆球形，排列成2排；经过一段时间，卵孵化为幼虫，幼虫最终羽化为成虫。

别名： 不详 | **分布：** 我国东北及华北地区，如陕西、内蒙古、山西、河北、东北

长角蝶角蛉

观察季节：春、夏、秋季

观察环境：草原、针叶林、公园等

长角蝶角蛉与蜻蜓十分相似，但和蜻蜓并无亲缘关系，另外它与蜻蜓的一个重要区别是身体前端长了一对长长的触角，末端还膨大成一个圆球形，看上去就像一个球杆，与蝶类触角很像，故被称作"长角蝶角蛉"。它主要出没在欧洲部分地区，在我国并没有分布。

形态 长角蝶角蛉体型较大，身体细长。触角十分长，末端膨大为一个小球形，呈典型的球杆状。头部多长毛，复眼大，常有横沟将眼分隔为上下两部分。翅脉复杂，纵脉、横脉多呈网状；前后翅形状、脉序相似，翅痣明显，翅痣下室无狭长翅室。足胫节端部具1对距发达。

习性 活动：成虫常在日间飞行，但速度缓慢；幼虫常栖息在树上或树下。**食物**：幼虫及成虫均为捕食性，成虫飞行中捕食小昆虫，常捕食在黄昏和快日落时出没的昆虫。**栖境**：成虫多栖居于园林树木中，尤其喜欢生活在草原和干燥的针叶林中。**繁殖**：雌雄交配后，雌性多将卵产在嫩枝上或石头下；卵淡黄色，近圆球形，单粒或呈双行排列；卵经一段时间孵化为幼虫，幼虫似蚁狮，常趴在地上或植被上，身上覆盖着杂物，静等猎物出现。老熟幼虫在枯枝落叶或土壤里化蛹，形状类似蚕茧。

触角像两根天线，端部膨大

翅脉十分清晰醒目

飞翔敏捷，捕食小虫，成虫外形与飞行、停驻姿势乍看似蜻蜓

| 蝶角蛉 ▶ | 蝶角蛉科，蝶角蛉属 | *Libelloides coccajus* D&S. | Owly sulphur |

蝶角蛉

观察季节：春、夏、秋季，5~9月较常见

观察环境：森林、花丛、草原等植被茂盛处

蝶角蛉无论从长相还是从飞行起来的样子看，都和蜻蜓十分相像，要不是昆虫学的专业人士，还真的难以辨清。它们最大的区别是蝶角蛉身体的前方长有一对长长的黑色触角，并且触角末端膨大呈棒状。

翅上没有鳞片，一部分是透明的，大约有1/3为淡黄色，翅的外缘为深褐色，翅在静止时呈伸展状态

形态 蝶角蛉的成虫体型较大，身体细长，体长约25毫米，身体黑色，长满绒毛。复眼较大并且向外突出，常被横沟分隔为二。触角黑色，较长，末端膨大呈棒状。前后翅形状同脉序相似，翅痣明显，翅痣下室短。

习性 **活动**：飞行姿态十分像蜻蜓，成虫飞行速度很快，十分敏捷，喜欢在阳光下飞行并捕食其他昆虫。**食物**：杂食性，以各种飞行昆虫为食，如叶蝉、木虱、蚜虫、山楂粉蝶幼虫及多种虫卵。**栖境**：成虫常生活在阳光充裕的森林、草原、农场等植被茂盛的地方。**繁殖**：雌性成虫在与雄性交配后产卵，多将卵产在林木枝干上，成双行排列，卵呈椭圆形，比较密集；卵经一段时间后发育为幼虫，幼虫体侧有明显的突起，中后胸各2对，腹部各节1对；头基部凹而侧角突，幼虫生活在树上或树下。冬季大多数幼虫都会死亡，只有少数才能等到第二年春天，结茧并羽化成为成虫。

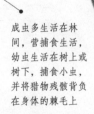

成虫多生活在林间，营捕食生活，幼虫生活在树上或树下，捕食小虫，并将猎物残骸背负在身体的棘毛上

▶ | **别名**：不详 | **分布**：法国、捷克共和国、德国、意大利、西班牙、瑞士

园黄掌舟蛾

观察季节：春、夏、秋季，4～9月较常见

观察环境：花丛、树丛等植物茂盛处

园黄掌舟蛾全身几乎为黄褐色，虽然前翅是灰色的，但翅的顶角有一淡黄色的掌形斑，斑内缘还镶嵌有红棕色的花边，正因为这块浅黄色的掌形斑，人们把它命名为"园黄掌舟蛾"。

形态 园黄掌舟蛾成虫体长20～25毫米，翅展44～55毫米，全身基色为黄褐色，头的顶部为黄色。胸背前半部分为黄褐色且长有浅黄色绒毛。前翅较长，为灰褐色，顶角有一块淡黄色的掌形斑，斑内缘具红棕色边，翅中央有一肾形环状纹，黑色的基线、内线、外缘线均呈波浪状；后翅为奶油白色。

习性 **活动**：成虫常在6～7月的晚间飞行，有趋光性，即使光不够明亮，它也能被吸引。白天停在树上休息，当它停下来休息时，样子就像一截枯萎的树枝。**食物**：成虫常以栎类植物、板栗、榆、杨为食，幼虫更喜食这些植物的叶片。**栖境**：成虫常生活在阴凉干燥的环境中，常在树枝上栖息。**繁殖**：一年发生1代。成虫的雌性与雄性交配后，常将卵产在树叶背面，数百粒排在一起，卵期约2周；初孵化的幼虫食量很小，群集取食，常成串地排在枝叶上为害，8月后幼虫的食量大增，分散活动和取食，取食不分昼夜，8月底9月初，幼虫老熟后下树，在深约7厘米的土中化蛹越冬；次年5～6月越冬蛹羽化为成虫。

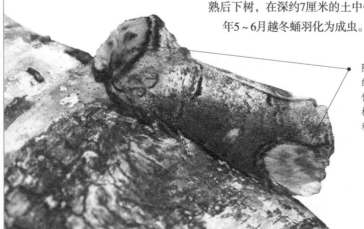

除了头部和翅端的浅斑，其他部位体色看起来似树皮，具有拟态和保护效果

别名：麻栎毛虫 | **分布**：欧洲、蒙古及我国东三省、河北、山东、江苏、浙江等

野蚕蛾

观察季节：春、夏、秋季，4～10月较常见

观察环境：花丛、树丛、公园等植被茂盛处

野蚕蛾的长相很丑，身体细长，全身几乎为灰褐色，眼睛黑色且很大，样子看上去凶巴巴的。它有前翅和后翅两对翅膀，但貌似翅膀不十分管用，虽然能飞但飞行起来与地面距离较近。它有一个近亲——家蚕蛾，它可是一点都飞不起来。

形态 野蚕蛾雌蛾体长20毫米，翅展46毫米，雄蛾稍短小些，全身几乎灰褐色。触角暗褐色羽毛状。前翅翅面上有两条褐色横带，横带间有一条深褐色新月纹。外缘顶角的下方向内凹陷，且中部有较大的深棕色斑，内线及外线为棕褐色，各由2条线组成；后翅棕褐色，中部有1条深色宽带，后缘中央有1新月形棕黑色斑，斑的外围镶有白边；雄蛾比雌蛾颜色偏深，翅上各线及斑纹比雌性更为明显。

习性 **活动**：成虫可以飞行，但飞行能力较弱，飞行时距离地面较近，尤其喜欢群集活动。**食物**：成虫取食朱槿、桑树、柞、榕、柘木、构树等，幼虫取食桑树嫩叶。**栖境**：生活环境多样，分布也较为广泛，但多生活在树林、农场等植被茂盛的地方，尤其是朱槿、桑树种植区。**繁殖**：不同地区每年发生的代数不同。成虫喜在白天羽化，羽化后不久即交尾产卵；卵产在枝条或树干上，群集一起，但排列不整齐，以卵在桑树枝干上越冬。越冬后的卵在4月中旬～5月上中旬开始孵化，孵化期很长，至7月还有孵化的。幼虫多在6～9月孵化，低龄幼虫群集在梢头嫩叶上，老熟幼虫在叶背或两叶间、叶柄基部、枝条分叉处吐丝结茧化蛹，一代蛹期22天，二代12天，三代14天，四代45天。

雌蛾比雄蛾体型更大、颜色更浅，翅展虽宽，飞行能力却不强

丁目大蚕蛾

观察季节： 春、夏、秋季，3～7月较常见

观察环境： 公园、林间、田间等植被茂盛处

丁目大蚕蛾的长相并不讨人喜欢，它的前翅和后翅的中室端都有一个桃形的眼斑，斑内中央有一块白色半透明"丁"字形纹，人们根据它的这些形体特征，将它命名为"丁目大蚕蛾"。

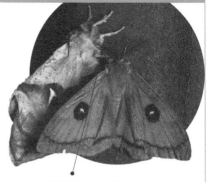

雄性的触角为双栉形、黄褐色，雌性触角为齿栉形、颜色稍深

形态 丁目大蚕蛾成虫体长20～25毫米，翅展60～84毫米，身体茶褐色，头部污黄色。胸部颜色稍深，呈棕褐色；腹部颜色较浅，背线及各节间颜色较深；翅茶褐色，前翅内线及中线略深于体色；翅脉灰褐色，非常明显；中室内端有桃形黑色眼斑，斑内中央有白色半透明丁字形纹；后翅基部颜色较深，外线暗褐色，呈弓形，外侧灰白色，近顶角处有灰白色斑，中室端的眼形斑大于前翅，丁形纹也更明显。

习性 **活动：** 每年3～7月为活动高峰期，飞行能力较强，常以食物所在地作为飞行路线。**食物：** 幼虫常以寄主植物叶片为食，以桦树、栎树、山毛榉、椴树、桤木、榛树为寄主。**栖境：** 成虫常生活在树林、花丛及农业种植区等植被较为茂盛的地方。**繁殖：** 一生经历卵、幼虫、蛹、成虫四个阶段，在雄性与雌性交配后，雌性会在合适的位置产卵，如树干、小枝条、叶片等；卵为椭圆形，经过一段时间后发育为幼虫；幼虫近似圆筒形，黄绿至深绿色，经5次蜕皮后老熟幼虫在枝条间或叶片上结茧化蛹，以蛹在蚕茧中越冬；翌年2～3月羽化为成虫。

体型巨大，身体呈茶褐色，有一对大大的翅膀，翅为茶褐色

| 家蚕 | ▶ | 蚕蛾科，蚕蛾属 | *Bombyx mori* L. | Silkworm |

家蚕

观察季节： 春、夏、秋季

观察环境： 树丛等植被茂盛处

家蚕最早起源于我国古代，由古代栖息于桑树的原始蚕驯化而来，其形态和习性与今天食害桑叶的野桑蚕十分相似。

破茧而出，形状像蝴蝶，全身被着白色鳞毛，两对翅较小，失去飞翔能力

形态 家蚕成虫全身被覆白色鳞片，头部两侧有1对复眼和1对双栉状的触角，口器已退化。胸部前、中、后3个胸节腹面各有1对胸足，中胸和后胸背面各有1对翅。翅初柔软褶叠，随蛾体干燥而展开。雌蛾腹部7节，雄蛾8节，雄蛾外生殖器由幼虫的第9、10腹节变成，雌蛾的外生殖器由第8、9、10腹节变成。

习性 **活动：** 家蚕的若虫常在桑叶上爬行，十分缓慢，活动能力较弱，几乎处于静止状态。**食物：** 寡食性，喜食桑叶，也吃柘叶、榆叶、鸦葱、蒲公英和莴苣叶等。**栖境：** 温带、亚热带和热带地区的树林等干燥且明亮的环境中，尤其是桑树林。**繁殖：** 全变态昆虫，一个世代中历经卵、幼虫、蛹、成虫4个发育阶段。雌蛾交配时伸出产卵器，由诱惑腺释放出性信息激素引诱雄蛾，交配1.5～2小时即可产受精卵，一头雌蛾约产卵400～700粒，其中绝大多数在羽化当日产下，至第3日结束。刚孵化的幼虫遍体着生黑褐色刚毛，体躯细小似蚂蚁，称蚁蚕；蚁蚕借摄食桑叶迅速长大，体色逐渐转成青白；熟蚕吐丝毕，体躯缩小略呈纺锤形，静止不动，这时称潜蛹（预蛹）；化蛹后约14日完成成虫发育，成虫不摄食，交配产卵后约经10日自然死亡。

有很高的经济价值，可以产蚕丝，蚕丝是主要纺织原料之一，我国古代蚕丝业的发展促成了对外通商和文化交流，促成了著名的"丝绸之路"

▶ | **别名：** 桑蚕、蚕 | **分布：** 温带、亚热带和热带地区及我国的大部，南方较多

乌桕大蚕蛾

观察季节：春、夏、秋季，4~9月较常见

观察环境：阔叶林、
灌木丛、次生林等

乌桕大蚕蛾是世界
上最大的蛾类，高大威
猛，翅面呈红褐色，前后翅
中央各有一个三角形无鳞粉的透
明区域，周围有黑色带纹环绕。

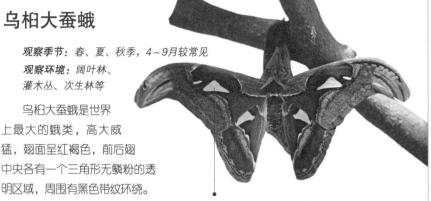

中室端部有较大的三角形透明斑

形态 乌桕大蚕蛾的体型较大，翅展
18~21厘米，身体呈三角形。触角为栗色羽毛状。体翅赤褐色，前翅顶角显著突
出，为粉红色，前、后翅的内线和外线为白色，内线内侧和外线外侧有紫红色镶
边及棕褐色线，中间夹杂有粉红及白色鳞毛，外缘为黄褐色并有较细的黑色波状
线；后翅内侧棕黑色，黄褐色斑，外缘黄褐色并有黑色波纹端线。

习性 **活动：**活动高峰期为每年7、8月，飞行并不稳定，雌性不会在破蛹后飞得太
远，只会在附近观察空气流动方向，找出一个满意的栖身之所。**食物：**以乌桕、
樟、柳、大叶合欢、小檗、甘薯、狗尾草、苹果、冬青、桦木为食物。**栖境：**热带
及亚热带干旱的阔叶林、灌木丛、次生林中。**繁殖：**一年发生2代。雌性与雄性交配
后，生产一定数量的卵于树的主干、枝条或叶片上，有时成堆，排列规则，每枚卵
直径2.5毫米，常藏于树叶阴暗面待其孕育；约两周后绿色的幼虫出生，尽情地啃食
叶子，长至12厘米长时开始在枯叶间结蛹；成虫约于四周后破蛹而出。

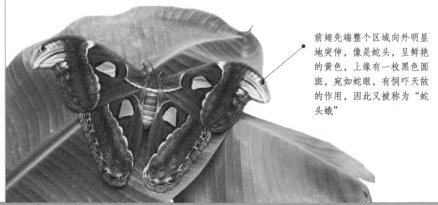

前翅先端整个区域向外明显
地突伸，像是蛇头，呈鲜艳
的黄色，上缘有一枚黑色圆
斑，宛如蛇眼，有恫吓天敌
的作用，因此又被称为"蛇
头蛾"

别名：皇蛾、霸王蛾 | **分布：**泰国、马来群岛、印度、缅甸、印尼及我国浙江、江西、福建

| 多音天蚕蛾 ▶ | 大蚕蛾科，柞蚕属 | *Antheraea polyphemus* Cramer | Polyphemus moth |

多音天蚕蛾

观察季节：春、夏、秋季，4~9月较常见

观察环境：树丛、花园等植被茂盛处

　　多音天蚕蛾的后翅上有两个较大的紫色斑点，形状像一对眼睛，活脱脱的，非常有神，让人们联想起希腊神话中的独眼巨人波吕斐摩斯。波吕斐摩斯的英文名是polyphemus，所以人们将多音天蚕蛾命名为"Antheraea polyphemus"。

翅展10~15厘米，后翅有两个大且醒目的眼斑

形态 多音天蚕蛾的体型大中，全身几乎为黄褐色，身体前端有一对触角，触角为羽毛状。雄性触角上的毛比雌性的更浓密，翅展15厘米，后翅上各有一块较大的眼状斑。腹部颜色及条纹变化较大，有红色、浅黄色、深棕色，大部分为深棕色，雌性腹部由于产卵的原因，与雄性相比较大。

习性 **活动**：多音天蚕蛾的成虫具有趋光性，常在夜间的灯光下活动，面对天敌时有自己的防御机制，其中一个便是它后翅上的眼状斑，对敌人常起到迷惑和恐吓的作用。**食物**：以桦树、柳树、橡树、枫树、山核桃、山毛榉、皂荚树、榆树、梨和柑橘等为食物。**栖境**：常生活在亚洲及北美洲的树林、山区等植被茂盛的地方，一般是中低海拔地区。**繁殖**：每年发生两代，雌性成虫与雄性交尾后产卵，卵多产在寄主植物的叶片上，扁平形，浅棕色；经一段时间后卵孵化为幼虫，黄色，共5龄，每个龄期变化不大，5龄幼虫为浅绿色，长3~4厘米，身体边缘有银色斑点，以宿主植物的叶片为食，可产棕色的丝；5龄幼虫转化为蛹，最后蛹羽化为成虫。

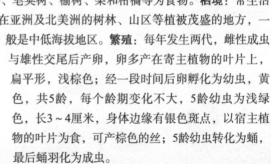

最大型、最美丽的蚕蛾之一，翅膀反面有的地方粉白色，有的地方棕色；腹部滚圆且毛茸茸的

▶ | **别名**：不详 | **分布**：北美洲的加拿大和美国

月形天蚕蛾

观察季节： 春、夏、秋季

观察环境： 花园、树丛等植被茂盛处

美洲月形天蚕蛾全身都为绿色，那种绿让人看了就感到害怕，每个翅膀上还有一个明亮的眼点，以此恐吓敌人，逃避敌害。

形态 美洲月形天蚕蛾身体前方有一对触角，雄性的触角比雌性的更为宽大。翅展8～11厘米，最长可达17.78厘米；翅为绿色，与身体颜色相同；后翅又长又细，边缘呈灰白色；每个翅膀上有一个明亮的黄色眼状斑。

习性 活动： 经常夜晚飞行，面对天敌时常会露出翅膀上的眼状斑。**食物：** 桦树、赤杨、柿子树、枫香树、山胡桃、漆树、月亮花等。**栖境：** 成虫生活在北美洲的东部地区，多在阳光明媚的森林或草原上。**繁殖：** 不同地区每年发生代数不同，雌雄交配后产卵，产在树叶背面。一次产卵4～7个，一生产卵400～600个；卵孵化为幼虫需要8～13天；幼虫分为5龄，前3龄的幼虫群集活动，4、5龄分散活动；幼虫身体全绿色，前2龄幼虫的背面有黑色小点，经过几次蜕皮后结茧化蛹，蛹细长；成虫羽化通常发生在早上，初羽化的成虫翅较软，不能飞行，会找个安全的地方等待翅膀发育完全。

身体肥大，全身为绿色，长了很多绒毛

很多昆虫都有类似的防御机制，一般都是在身体上的可见部位有比较吓人的一些图案

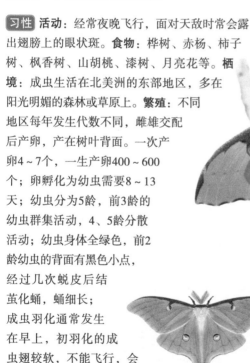

别名： 美洲月形天蚕蛾 | **分布：** 北美洲，如美国、墨西哥、加拿大

罗宾蛾

观察季节：春、夏、秋季

观察环境：森林等植被茂盛处，尤其是桃树和桦树

　　罗宾蛾是在北美洲发现的体型最大的蛾，也是世界上10大怪异恐怖的昆虫之一，翅展可达约16厘米，当它的翅膀展开时前翅和后翅边缘的图案活像一个鲨鱼头，让人胆战心惊，估计是用来御敌的。

形态 罗宾蛾体型巨大，头部长有红棕色绒毛，绒毛较长。前胸背面覆盖红棕色长毛。腹部的前端为红棕色，中部至末端带有黑白色横向条纹。翅膀颜色很鲜艳，前翅的前端内侧各有一个红棕色大斑，外缘有3个黑色斑，第一个较大，后两个较小；后翅中央具有一块红棕色的近似椭圆形斑块。

习性 **活动**：体型较大，飞行较为笨拙，但事实上较为迅速敏捷，方向感很强。**食物**：幼虫常以多种果树和灌木为食，如枫树、桃树、苹果树等。**栖境**：北美大陆东部的山区，常在果树和灌木上栖息，也进入人类居住区。**繁殖**：每年发生一代，为吸引雄性，雌性成虫常散发信息素，使雄性灵敏的触角能够感受得到。交配一般发生在早上，一直持续到傍晚，交配后雌性常产大约100个卵。卵最初孵化出的幼虫非常小，常取食枫树、桃树、苹果树等，在成长中幼虫形态发生一定的变化，最终的成熟幼虫结茧成蛹，蛹在初夏羽化为成虫。

没有口器和消化系统，成虫不能取食，最长只能存活2个星期

上

身体前端有一对触角，长有黑色毛

头部长满了毛，红棕色且较长

巨斑刺蛾

雄性的前翅、身体、腿部均为明亮的黄色

观察季节：*春、夏、秋季*

观察环境：*山间、树丛、草丛、花丛等*

　　雌性的巨斑刺蛾和雄性的长相不同，但都非常漂亮。它最美丽的地方在于后翅，每一个后翅上都带有一个眼状斑，斑为蓝黑色，中间有些发白，活脱脱似一双美丽动人的大眼睛，又因为它幼虫时期身上带有毒刺，所以被称为"巨斑刺蛾"。

形态 巨斑刺蛾是两性异形生物，翅展63～88毫米。雄性的羽毛状触角与雌性相比较长，头部及前胸为黄色，前翅、身体、腿部均为浅黄色。雌性的头部及前胸为深红棕色，前翅、身体、腿部均为浅红棕色；后翅均为黄色，其上均有一块大大的眼状斑；雌性后翅的外边缘为浅红棕色，雄性后翅的边缘为浅黄色。

习性 **活动**：面对天敌时常有自己的防御机制，其中一个便是后翅上的眼状斑，对敌人常起到迷惑和恐吓作用。**食物**：欧洲酸樱桃、柳树、胶冷杉、红枫、紫穗槐、灰叶、北美靛蓝、美洲榛树、风箱树、加拿大紫荆、香蕨木、北美花茱萸、山毛榉、水曲柳等。**栖境**：从加拿大南部一直到佛罗里达和得克萨斯州的山区、森林以及干燥的枯木上。**繁殖**：雌雄交尾后常将卵产在寄主植物上，卵白色，成堆排列，每块至少20个；经过一段时间后卵孵化为幼虫，橘黄色，以卵壳为食，分为5龄，生长中幼虫颜色由橘黄色变为绿色，身上会长有蜇刺，刺上有毒，幼虫还可吐丝；在秋季时结茧化蛹，蛹的颜色较深；蛹羽化为成虫常在中午左右，只需要几分钟。

雌性的前翅、身体和腿部均为浅浅的红棕色

斑为黑色，中央带有一些白色

玫瑰色槭树飞蛾 ▶　　天蚕蛾科，天蚕蛾属　|　*Dryocampa rubicunda* Fabricius　|　Rosy maple moth

玫瑰色槭树飞蛾

观察季节：春、夏、秋季
观察环境：树丛、花园等

玫瑰色槭树飞蛾的美丽在世界昆虫排行榜中数一数二，看上去特别像一朵美丽的玫瑰花，足以让人过目不忘。它的最爱就是槭树，所以人们称它为"玫瑰色槭树飞蛾"。

常见于植被茂盛处，尤其是槭树较多的地方

形态 玫瑰色槭树飞蛾体型中等，雌性比雄性大些，身体黄色，长有黄色绒毛。触角黄色，羽毛状，雄性的比雌性的更加浓密。雄性翅展32～44毫米，雌性翅展40～50毫米。前翅粉色，翅中央带有一块三角形横向条带，后翅为黄色。足为黄色。

习性 **活动**：成虫常在夜间的前1/3时段飞行活动，雌虫也在晚间散发信息素来吸引雄性。**食物**：幼虫主要以槭树为食，尤其是红槭、银槭、糖槭树等，成虫由于口器退化且没有消化系统，不能取食。**栖境**：常生活在北美洲地区的树丛、花园等植被茂盛处，尤其是槭树较多的地方。**繁殖**：待交配的雌虫在晚间散发信息素来吸引雄性，雄性靠浓密的触角来感知信息，雌雄交配后，雌性产卵于槭树叶的背面；卵黄色，扁平状，20～30个为一簇；2周后卵孵化为幼虫；3龄幼虫前，幼虫聚集在一起，4～5龄分散活动，成熟的幼虫体长55毫米，浑身浅绿色，头红色；幼虫准备结茧成蛹时，从树上爬到树下，在地面的浅表层化蛹；蛹黑色、细长，带有棘状突起。刚羽化后的成虫翅短小轻盈，可以飞行，常在夜间成长。

整体颜色非常鲜艳，身体黄黄的，腿和触角是粉红色的，触角还长得毛茸茸的

▶　**别名**：不详　|　**分布**：北美洲

彗星飞蛾

观察季节：热带地区一年四季

观察环境：热带雨林

　　彗星飞蛾是世界上一种极其珍稀的蛾类，也是世界上最大的蚕蛾，它的独特之处在于有一个很长的尾，能达到15厘米，当它飞过夜空时，像一道彗星划过天际，故被称为"彗星飞蛾"。

尾长可达15厘米

形态 彗星飞蛾体型较大，是世界上最大的蚕蛾，身体黄色，前端长有一对黄色的羽毛状触角。翅膀黄绿色，带有两个较大的眼状斑，分别位于翅的前端和末端，翅展大约20厘米。身后有很长的尾，大约15厘米，末端分叉，大部分为黑色，末端分叉部位为黄色。

习性 **活动**：成虫虽然体型较大，但飞行起来十分迅速、敏捷，方向感十分精准，常在夜间活动。**食物**：幼虫常以番樱桃属植物等为食，成虫口器退化且没有消化系统，不能取食。**栖境**：常生活在热带雨林中，如非洲的马达加斯加岛。**繁殖**：雌性与雄性交配后产卵，通常将卵产在寄主植物的叶片背面，数目120~170个；经过一段时间卵孵化为幼虫，幼虫以番樱桃属植物等为食；两个月后结茧成蛹，茧上存在数个小孔，以防在多雨季节将茧内的蛹溺死；蛹最后羽化为成虫；成虫寿命极短，一般4~5天，最长10天。

原产于非洲的热带雨林，浑身黄色，翅为黄绿色，每一个翅的前端和末端都有一个眼状斑，这是它对天敌的防御机制

彗星飞蛾

柞蚕蛾

观察季节：热带一年四季，亚热带春、夏、秋季
观察环境：树丛、花丛等植被茂盛处

　柞蚕蛾是柞蚕的成虫。柞蚕俗称"野蚕"，由人工放养在大山野外柞林之中，长得不出奇，经济价值高，可以产丝，为纺织业做出贡献。

前翅略呈三角形，后翅眼斑四周黑线明显，其余部位与前翅近似

形态 柞蚕蛾长35~40毫米，身体略呈圆柱形，其上密被黄褐色鳞毛。头部小，触角1对，呈双栉齿状，长椭圆形，向前方微弯。黑色复眼1对，圆形。口器退化。肩板及前胸前缘紫褐色，杂有白色鳞片。胸部生3对足，每足附节由5~6节组成，其末端两侧各有爪1只。翅2对，翅展110~150毫米。腹部有6条环形纹将腹部分成7节。

习性 **活动**：活动十分迅速、敏捷，飞行方向常常根据食物的位置而确定。**食物**：幼虫常以植物叶片为食；成虫口器退化且没有消化系统，不能取食。**栖境**：亚热带、亚洲的热带地区，常生活在野外的柞林等植被茂盛的地方。**繁殖**：雌性与雄性交配后产卵，通常将卵产在寄主植物的叶片背面，经一段时间后卵孵化为幼虫；幼虫6龄，常取食植物叶片，初龄为黑色，之后长成绿色；成熟的幼虫结茧化蛹；蚕蛾多在夜间出茧，出茧后翅膀的生长异常迅速，60分钟左右翅可生长完善。

▶ 　别名：不详 | 分布：亚热带地区、亚洲的热带，包括我国南方

柳裳夜蛾

观察季节：春、夏、秋季

观察环境：田园、花丛、树林等

柳裳夜蛾可不是人类的朋友，它的幼虫喜欢吃柳树叶片，成虫喜欢吸食苹果汁液，造成农业损失。

身体和前翅灰灰的，腹部长有绒毛，看上去不好看，但桃红色的后翅很醒目，让它多了迷人的色彩

形态 柳裳夜蛾成虫体长约30毫米，身体前端有一对黑色触角，触角较长，前端弯曲。头和胸部灰黑色，颈部有一条黑色纹。腹部背面灰褐色，长有毛簇。翅展可达76毫米；前翅灰黑色，翅面有黑褐色波浪线纹，肾斑明显，外缘为灰色，呈锯齿形，端线由黑点排列组成；后翅桃红色，中部有条弓形的黑色宽带，外缘附近为黑色，中间是凹的，后面又慢慢变窄。

习性 **活动**：成虫飞翔力和趋光性很强，白天潜伏在杨、柳、榆树枝干上停息，夜间常进行取食、交尾、产卵等活动。**食物**：幼虫取食杨、柳、油松、榆树和槭树等的叶片，常会把叶片吃光，只留叶柄；成虫吸食苹果的汁液。**栖境**：常生活在亚热带、温带地区的田园、花丛、树林等植被茂盛处。**繁殖**：不同地区每年发生的代数不同，一般一年发生1~2代，6月下旬~7月下旬开始交配产卵；7~8月卵孵化为幼虫；幼虫取食寄主叶片，老熟幼虫体长约65毫米，体灰、褐或赭色，有许多细小黑点，头部黄色，有褐色纹，体侧有白色稀疏细毛；幼虫结茧成蛹，蛹褐色，尾部有6个臀刺；常以蛹在土中越冬；翌年6月下旬羽化为成虫，7月中、下旬为成虫羽化高峰期。

我是著名的林木害虫

李枯叶蛾

观察季节： 春、夏、秋季，4~9月较常见

观察环境： 花园、树丛等植被茂盛处

李枯叶蛾停息在树上时，翅膀覆盖在身体上，活脱脱地像一片落叶，所以被称为"枯叶蛾"。

前翅、后翅与身体的颜色相近

形态 李枯叶蛾成虫体长30~45毫米，雄性略小于雌性。全体呈赤褐色至茶褐色，头部颜色较暗淡，中央有1条黑色纵向条纹。翅展60~90毫米，前翅外缘和后缘略呈锯齿状，前缘颜色较深，翅上有3条波状黑褐色带蓝色荧光的横线；后翅短宽、外缘呈锯齿状，前缘部分橙黄色，翅上有2条蓝褐色波状横线。雄性腹部较细瘦。

习性 **活动：** 成虫昼伏夜出，白天静伏在枝上，夜晚活动，有趋光性，羽化后不久即可交配、产卵。**食物：** 成虫取食苹果、沙果、李、桃、杏、梨、樱桃、梅、核桃、杨、柳等；幼虫食嫩芽和叶片，严重时将叶片吃光仅残留叶柄。**栖境：** 常生活在亚热带、温带地区的田园、花丛、树林等植被茂盛处。**繁殖：** 每年发生代数随地区不同而变化，一般1~2代。以低龄幼虫伏在枝上和皮缝中越冬；翌年春季成虫羽化后不久即可交配、产卵。卵多产于枝条上，偶尔产在叶上。幼虫孵化后体扁、体色与树皮色相似，啃食叶片。

能看出我是一只蛾子，还是一片卷起的枯叶？

足部看似枯叶的短小叶柄

别名： 枯叶蛾 | **分布：** 欧洲、亚洲北部和东部以及我国华北、华东、中南地区

裸黄枯叶蛾

观察季节：温带地区的每年春、夏、秋季

观察环境：森林、农场、草原

裸黄枯叶蛾常常静息在树叶上，让人们傻傻地发现不了它的存在。

形态 裸黄枯叶蛾体型较小，身体整体呈绿色；触角非常短且有分叉，雌性的分叉部分较雄性的更短；中、后胫节的末端有一对刺突；前翅较为宽大，外边缘为圆形，翅上存在9条纵向的翅脉；后翅与前翅相比较为短小，其上存在6条纵脉，还有7条从基部延伸的翅脉。

名字让人想起纯净的黄色，其实不然，它浑身翠绿色

习性 **活动**：成虫常在夜晚出现，有很强的趋光性，可以在树叶上静息，也可在树干、栏杆等处爬行。**食物**：成虫及幼虫杂食性，可以多种植物为寄主，并取食寄主植物的叶片。**栖境**：常生活在中海拔的山区、森林、农场等植被较为茂盛的地方。**繁殖**：一生经历四个阶段，即卵、幼虫、蛹及成虫。雌雄交配后常在寄主植物的叶片上产卵，卵圆形，长0.3~0.4毫米，宽0.2~0.22毫米，灰白色；卵经一段时间发育为幼虫，其头黄褐色，前胸背板中央有黑褐色斑纹，其前缘两侧各有1个较大的黑色疣状突起，上生有黑色长

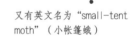

又有英文名为"small-tent moth"（小帐篷蛾）

毛一束，常伸到头的前方，其他各节各有1个较小的黑色疣突起，且上面长有刚毛1簇；以老熟幼虫结茧化蛹，蛹为纺锤形；最后蛹羽化为成虫，羽化多发生在夜间。

身体小小的，翅上常有明显的脉络，和植物叶片非常相似

▶ **别名**：赤黄枯叶蛾 | **分布**：印度、斯里兰卡、缅甸及我国的大部分地区

| 大刀螂 ▶ | 螳螂科，大刀螳属 | *Tenodera sinensis* Saussure | Chinese mantis |

大刀螂

观察季节：春、夏、秋季，4~11月初较常见

观察环境：花园、田野、树丛等植被茂盛处

　　大刀螂在中国很常见，它非常聪明，常靠拟态躲过天敌，在接近或等候猎物时不易被发觉，受到惊吓时会振翅沙沙作响，露出鲜明的警戒色。

雌性腹部特别膨大

形态 大刀螂体形较大，长约7厘米，身体呈黄褐色或绿色，头部三角形。前胸背板、肩部较发达，后部至前肢基部稍宽。前胸细长，侧缘有细齿排列，中纵沟两旁有细小的疣状突起。前翅为革质，前缘带一些绿色，末端有较明显的褐色翅脉；后翅比前翅稍长，向后略微伸出，其上散布有深浅不等的黑褐色斑点。前足股节腹面有沟，沟两侧有刺列，胫节下部可嵌入沟内。

习性 **活动**：成虫行动缓慢，常在植丛中活动，早晚取食，喜阴怕热，在夏天中午栖息在树冠阴凉处或杂草丛中，秋季气温降低时早晚栖息在向阳树叶上。**食物**：捕食各种农林、果树害虫，如松毛虫、杨扇舟蛾、杨毒蛾等，只吃活虫。**栖境**：亚热带、温带地区的田园、花丛、树林、农场等植被茂盛处。**繁殖**：1年发生1代，以卵鞘在树枝、灌木枝条、篱笆和墙壁等处越冬。雌雄交尾后2天产卵，产在树枝表面，雌性排出泡沫状物质，在上面顺次产卵，泡沫状物质凝固形成卵鞘。次年初夏从中孵化出数百只若虫，蜕皮数次发育为成虫。

看起来笨笨的，体型较大，行动十分缓慢，长得像绿叶或褐色枯叶、细枝、地衣、鲜花或蚂蚁等

▶　　**别名**：中华大刀螳 | **分布**：北美、东亚，包括我国的大部分地区

马来西亚巨人盾

观察季节： 春、夏、秋季
观察环境： 花园、树丛等植被茂盛处

马来西亚巨人盾因背板宽大、形如一面盾牌而被称为"巨圆盾螳"。它受到威胁时，会将自己变成一个"舞者"，呈现出各种祈祷姿势，此时它并不是想向一个更高级的权威献上礼物，而是准备向猎物发起攻击。

翅膀上点缀着其他颜色，色彩鲜艳明亮，犹如火焰在燃烧

形态 马来西亚巨人盾体型较大，可达8～10厘米，身体颜色艳丽。头部较大，呈倒三角形，常为浅蓝色；头顶为浅红色。一对黑色触角较细；眼较大，绿色。前胸背板宽大，形状如一面盾牌，颜色蓝绿。前足较为粗壮，股节腹面有沟，沟两侧有刺列，胫节下部可嵌入沟内。翅膀主要为蓝绿色。腹部较大，为圆形。

习性 **活动：** 一般早晚在植丛中活动取食，喜阴怕热，在炎热夏天中午常栖息在树冠阴凉处或杂草丛中，秋季气温降低时早晚栖息在向阳树叶上。**食物：** 成虫和若虫纯肉食性，只捕食活虫，可捕食多种昆虫，如蝗虫等。**栖境：** 亚热带、温带地区的田园、花丛、树林、农场等植被茂盛且阴凉处。**繁殖：** 1年发生1或2代，每年春季成虫羽化后不久即可交配、产卵。雌雄交尾几天后产卵，卵常产在树枝表面，偶尔产在叶上；幼虫孵化后体扁，体色与树皮色相似，啃食叶片；经过一段时间后，若虫经过数次蜕皮后，发育为成虫。

有着巨大的利爪和脑袋，看起来像牛头犬

性情凶猛，弱肉强食、大吃小的情形经常发生

别名： 基菱背螳、巨圆盾螳 | **分布：** 东南亚

兰花螳螂

观察季节：春、夏、秋季
观察环境：热带雨林、兰花丛中

兰花螳螂长得像朵粉红淡雅的兰花，算是螳螂目中最漂亮抢眼的一种，常生活在不同种类的兰花上，有着最完美的伪装，并随着花色深浅调整身体的颜色。

形态 兰花螳螂头部较大，呈倒三角形；前方一对细长的触角。眼较大，为浅蓝绿色。前胸细长。前足较为粗壮，为捕食足。股节腹面有沟，沟两侧有刺列，胫节下部可嵌入沟内。翅膀颜色同所在兰花的颜色相同。

习性 **活动**：昼行性，常在白天活动。**食物**：从出生就具有掠食本能，捕食苍蝇、蜘蛛、蜜蜂、蝴蝶、飞蛾等活的昆虫。**栖境**：马来西亚热带雨林和印度尼西亚等较为湿润的环境中。**繁殖**：夏季末交配，雌螳螂1～14天之内产卵；卵块常固定在树枝上，每块含有30～50粒，一季可产5～7个卵块，以卵越冬，次年春天孵化为幼虫，有时较大幼虫会把小幼虫吃掉；幼虫期通常3个月，蜕皮6～7次长为成虫，交配产卵后2～3周内死亡，总体寿命为6～8个月。

步肢演化出类似花瓣的构造和颜色，可以在兰花中拟态而不会被猎物察觉，有效地躲避了天敌

主要在兰花上等待猎物上门，捕食对象多半是围绕花朵生活的小型节肢动物、爬虫类或鸟类

▶ **别名**：兰花螳 | **分布**：马来西亚的热带雨林区

光肩星天牛

身体扁扁的，浑身棕红色，有的颜色淡，有的颜色深

观察季节： 春、夏、秋季，3～10月较常见

观察环境： 河岸、树丛、山地

　　光肩星天牛触角非常长，尤其是雄虫，大概可以达到身体的3～5倍，雌虫也能达到2倍，又由于它原产于亚洲，所以又被称为"亚洲长角天牛"。

形态 光肩星天牛成虫身体扁平，体长12～21毫米，宽4～8毫米，棕红色，身体被不太密厚的灰色绒毛。触角极长，体长与触角之比，雄虫为1：（3～5），雌虫为1：2，其上长有灰色绒毛，柄节表面刻点粗糙。前胸背板有许多不规则横脊线，杂有粗糙刻点，中部前方有4个棕黄色或金黄色毛斑，处于不太显著的小瘤之上，排成一横行，侧刺突基部阔大，刺端很短，微向后弯。每一鞘翅上各有两条深色而略斜的横斑纹，一条位于中部之前，一条位于端部1／3处。足相当粗壮；腹部第5节较第3、4节的总和略长，末端不凹陷。雌虫产卵管外露，极显著。

习性 **活动：** 成虫常在晴天的10:00～14:00进行飞翔、取食、交配、产卵等活动，但飞行能力不强，阴天则静伏于树冠或荫蔽处。**食物：** 成虫取食悬铃木、柳、杨等植物，咬食树叶或小树枝皮和木质部，幼虫蛀食树干。**栖境：** 常生活在亚热带、温带的山区、树林等树木茂盛的地方。**繁殖：** 一年发生一代或两年发生一代，以幼虫或卵越冬。6月上旬开始交配产卵，7～8月为产卵盛期，一头雌成虫一般产卵30粒左右，卵期16天左右。6月底开始出现幼虫，初孵幼虫先在树皮和木质部之间取食，25天以后开始蛀入木质部，到11月气温下降到6℃以下，开始越冬；翌年4月气温上升到10℃以上时，越冬幼虫开始为害，5月上旬～6月下旬幼虫化蛹，从做蛹室至羽化为成虫共经历41天左右。

身上覆盖了一层绒毛，绒毛并不密厚，与身体颜色很相称

别名： 亚洲长角天牛　|　**分布：** 英国、美国、澳大利亚、朝鲜及我国北京、天津、河北

橙斑白条天牛

观察季节：春、夏、秋季

观察环境：花园、果园、树林中

橙斑白条天牛前胸背板中央有一对橙红色的肾形斑，鞘翅上有7～11个橙色斑；体腹面两侧自复眼之后至腹部端末，各有一条相当宽的白色纵向条纹；正是由于这种体态，被人们称为"橙斑白条天牛"。

形态 橙斑白条天牛成虫体长51～70毫米，宽12～22毫米，身体黑褐至黑色，被稀疏的青灰色细毛，体腹面被灰褐色细长毛。触角自第3节起的各节为棕红色，基部4节光滑，其余节被灰色毛。雄虫触角超出体长1/3，下面有许多粗糙棘突，自第3节起各节端部略膨大；雌虫触角较体略长，有较稀疏的小棘突。前胸背板中央有13寸橙黄色肾形斑，小盾片密生白毛；鞘翅肩具短刺，外缘角钝圆，缝角带有短刺，基部具光滑颗粒，翅面具细刻点。

习性 **活动**：每年5～6月活动较为旺盛，可以飞行，但飞行能力不强，飞行路线由食物位置而定。**食物**：取食油桐、板栗、锥栗、苦楝和栎树等树种；初孵幼虫自下向上、再由上而下地在韧皮部和木质部之间啃食韧皮层，随着龄期增加，幼虫向木质部逐渐穿蛀时会有大量虫粪、木屑排出。**栖境**：常生活在亚热带、温带的山区、树林等树木茂盛的地方。**繁殖**：一年发生一代，以幼虫和成虫越冬。成虫在初秋羽化后，停留于蛹室越冬，次年春夏自蛹室向外羽化而出；成虫5月上旬开始产卵，5月下旬初孵幼虫开始取食，7月下旬开始化蛹，8月中下旬羽化为成虫。

每个鞘翅有几个大小不等的近圆形橙黄斑，每翅约有5个或6个主要斑纹，另外尚有几个不规则小斑点

别名：油桐天牛 | **分布**：越南、老挝及我国河南、陕西、湖南、江西、重庆、四川、贵州

茶翅蝽

观察季节：春、夏、秋季，4~10月较常见

观察环境：花园、果园、树林等

　　茶翅蝽又称"臭蝽象""臭板虫""臭妮子"，常爬到植物上吸取液汁，是农作物的敌人。当它遇到敌害时就放出臭气然后逃之夭夭，所以称它"臭屁虫"可谓名副其实。当然这也是它的聪明之处，正是因为这种臭气，才使很多天敌不敢靠近。

身体呈椭圆形，扁扁的，口器很长、刺吸式

形态 茶翅蝽成虫体长12~16毫米，宽6.5~9毫米，身体为椭圆形，略扁平，呈淡黄褐色、黄褐色、灰褐色、茶褐色等，其上略带紫红色。触角分为5节，黄褐色至褐色，第4节两端及第5节基部为黄色。前胸背板、小盾片和前翅革质部有密集的黑褐色刻点，前胸背板前缘有4个黄褐色小点，小盾片基部有5个小黄点。

习性 **活动**：刚羽化的成虫常静伏于叶的背面，5月为活动高峰期，9月中旬开始向房屋、石缝及其他场所转移。以沟卵蜂为天敌。**食物**：成虫及幼虫主要吸食寄主植物的汁液，取食部位为叶片、花蕾、嫩梢、果实等。**栖境**：亚热带、温带的果园、树林、花园、农场等树木茂盛处。**繁殖**：在华北地区一年发生1~2代，以受精的雌成虫在果园内外的室内外屋檐下等处越冬，翌年6月左右开始产卵，产在植物叶片上，6月上旬以前产的卵可于8月以前羽化为第一代成虫，可很快产卵，并发生第二代若虫；6月上旬以后产的卵只能发生一代，在8月中旬以后羽化的成虫均为越冬代成虫，10月后成虫陆续潜藏越冬。

以梨、苹果、桃、李、杏、梅、海棠、柿、榅桲、无花果、石榴、葡萄、油桐、刺槐、桑、大豆、菜豆、油菜、甜菜等果树及部分林木和农作物等为寄主

▶ **别名**：臭蝽象、臭板虫 | **分布**：日本、美国及我国的东北、华北、华东和西北

麻皮蝽

观察季节：春、夏、秋季
观察环境：树林、果园、花园

麻皮蝽身体背面为黑色，有密密的刻点和皱纹，故得名。

形态 麻皮蝽成虫体长20～25毫米，宽10～11毫米，身体黑褐色布满斑点。它的头部突出，前端尖尖的。黑色的触角分为5节，第1节短而粗大，第5节基部1/3为浅黄色。头部前端至小盾片有1条黄色中纵线。前胸背板前缘具黄色窄边，胸部腹板黄白色，其上密布黑色刻点；各腿节基部浅黄，两侧及端部为黑褐色。

习性 活动：每年四五月出蛰活动，行动迅速、敏捷，遇敌时即放出臭气以便吓跑敌人。**食物**：以苹果、枣、沙果、李、山楂、梅、桃、杏、石榴、柿、海棠、板栗、龙眼、柑橘、杨、柳、榆等及一些林木植物为寄主。成虫及若虫均以锥形口器吸食多种植物汁液，常刺吸枝干、茎、叶及果实的汁液。**栖境**：常生活在东南亚地区的树林、果园、花园等植被茂盛的地方；成虫在枯枝落叶、村舍墙壁缝隙以及禽舍等处过冬。**繁殖**：一年发生1～2代，成虫在枯枝落叶下、草丛中、树皮裂缝、梯田堰坝缝、围墙缝等处越冬。越冬成虫在5月中、下旬开始交尾产卵，6月上旬可见到若虫，7～8月羽化为成虫，此为第1代；第2代7月下旬～9月上旬孵化，8月底～10月中旬羽化。

全身散发着一种怪异的臭味，如果不小心碰到，会沾染上味道

身上密布黑色刻点及细碎不规则的黄斑，还有密密的刻点和皱纹，看上去它的背面并不是十分的平整

棕榈象

观察季节：春、夏、秋季

观察环境：田间、公园、树林等植被茂盛处

棕榈象可不是善类，它喜欢为害棕榈科的植物，以成虫的飞翔作近距离传播，以各种虫态随染虫植株的调运做远距离传播，所以常被作为一种外来的高危性检疫害虫。

身体红褐色，光亮或暗

形态 棕榈象成虫体长30～35毫米，宽12毫米左右，身体背面为红褐色，腹面黑红相间。触角柄节和索节黑褐色，棒节红褐色。头部前端延伸成喙，雄虫的喙短粗且直，喙背有一丛毛；雌虫的喙较细长且弯曲，喙和头部的长度约为体长的1/3。前胸椭圆形，上面长了6个黑斑，在上面排列成了两行。鞘翅较短，腹末外露。

习性 **活动**：成虫每年5、11月活动旺盛，飞行能力不强，只做近距离飞翔；常在叶腋间或树干的伤口、树皮的裂缝处活动。**食物**：常取食椰子、油棕等棕榈科植物，幼虫蛀食植物茎干内部及在生长点取食柔软组织，造成隧道，导致受害组织坏死腐烂，并产生特殊气味。**栖境**：常生活在亚洲和美洲的热带地区，尤其是椰子和油棕种植区。**繁殖**：雌雄成虫交配后，雌性常在生长的棕榈树顶部叶片基部产卵，或将卵产在植物受伤的伤口处，每次产卵大约200粒；经一段时间后，卵孵化为幼虫，初孵幼虫为白色，常以较软的植物组织为食。当它们长到6～7厘米时，幼虫在树的基部结茧化蛹，最后蛹羽化为成虫，生命周期为7～10周。

身体看上去圆滚滚的，有的看起来像是闪着光泽，有的则比较暗淡

在我国主要分布海南、广东、广西、台湾、云南、西藏的部分地区，主要危害椰子、海枣、油棕、槟榔、霸王棕等多种棕榈科植物，入侵我国的确切时间已无从考证，到20世纪90年代后，该虫才开始受到重视并被加以防治

别名：红棕象甲 | **分布**：东南亚、中东、非洲、欧洲，我国两广、海南、云南、福建

绿鳞象甲 ▶ | 象甲科，灰象属 | *Hypomeces squamosus* Herbst | Green weevil

绿鳞象甲

观察季节：春、夏、秋季，4～10月较常见
观察环境：树林、农业种植区，尤其是茶树种植区

绿鳞象甲身上被有墨绿、淡绿、淡棕、古铜、灰、绿等颜色的鳞毛，鳞毛很密，看上去闪闪发光，有时杂有橙色粉末，显得美丽且不那么单调，正因如此，得名"绿鳞象甲"。

形态 绿鳞象甲的成虫体长15～18毫米。头、喙的背面是扁平的，中间有一中沟，宽而深。触角短粗，复眼十分突出。前胸背板后缘较宽，前缘最狭，中央有纵沟；雌虫胸部盾板茸毛少，较光滑，鞘翅肩角宽于胸部背板后缘；雄虫胸部盾板茸毛多，鞘翅肩角与胸部盾板后缘等宽。小盾片呈三角形，鞘翅上各具10行刻点。雌虫的腹部较大，雄虫较小。

习性 **活动**：成虫白天活动，飞翔能力弱，善爬行，有群集性和假死性。**食物**：常取食茶树、油茶、柑橘、棉花、甘蔗、桑树、大豆、花生、玉米、烟、麻等植物，成虫常食茶树叶成缺刻或孔洞，致植株死亡。

栖境：常生活在靠近山区、杂草较多地区、荒地边上的茶园里。**繁殖**：越冬后的成虫在8月开始交配产卵，卵多单粒散产在叶片上，产卵期80多天，产卵80多粒；幼虫孵化后钻入土中10～13厘米深处取食杂草或树根，幼虫期80多天，最长达200天；幼虫老熟后在6～10厘米土中化蛹，长约14毫米，黄白色，蛹期17天。

全身为黑色，密被闪光的鳞毛，因而看起来呈绿色等多种颜色

▶ | 别名：甲绿象 | 分布：我国河南、江苏、安徽、江浙、两湖、广东、台湾、四川等

松树皮象

观察季节：公园、树林，尤其是松树林
观察环境：春、夏、秋季，4～9月较常见

松树皮象在松树上咬食树干中上部韧皮部，造成树干块状疤痕，使树干流出大量树脂，疤痕过多时将树干围成一环，梢头便枯死。

身上点缀着不规则斑点且长有深、浅的黄色针状鳞片

形态 松树皮象成虫体长10～13毫米，全身黑褐色。触角膝状；喙通常具细的中隆线，两侧各具略明显的隆线和深沟。眼的上面各有1小斑，这些斑点和带都由或深或浅的黄色针状鳞片构成。额中间具小窝。前胸背板两侧中间以后各有2个斑点，小盾片近三角形，端部钝圆，散布刻点和毛，小盾片的前面有1个斑点。鞘翅中间前后各有1条横带，横带之间通常具"X"形条纹，端部具2、3个斑点。腿节具齿，胫节的内缘覆盖着毛。雄虫腹部基部洼，腹板末端中间具椭圆洼。

习性 **活动**：一年四季均可活动，但温暖季节活动较为旺盛，冬天进入冬眠状态，活动能力不强，一般只做近距离活动。**食物**：成虫常以落叶松、云杉、樟子松幼树等为食。**栖境**：亚热带、温带的落叶林中。**繁殖**：一年繁殖一代，以成虫或老熟幼虫在树根或枯枝落叶层中越冬，翌年5月交尾产卵，卵产在伐根皮层中，椭圆形，白色微黄，透明，2～3周后孵化为幼虫，从产卵处沿伐根向下或沿侧根扩展取食，幼虫分5龄，到9月末老熟幼虫在皮层、皮层与边材间或全部在边材内做椭圆形蛹室休眠，次年7～8月化蛹，蛹期14～21天；成虫7月末羽化。

喜欢伪装成松树皮的颜色

一般咬食树干中上部韧皮部

别名：松大象鼻虫 | **分布**：欧洲及我国东三省、河北、山西、陕西、四川、云南

长颈鹿象鼻虫

观察季节：春、夏、秋季

观察环境：公园、树林等植被茂盛处

　　长颈鹿象鼻虫是马达加斯加岛的"原住民"，它的外表很怪异，像一种来自外星的生物，但它的确确是一只小昆虫，长着长长的颈部，身体相比之下却很小，有点儿像长颈鹿，故得名"长颈鹿象鼻虫"。长颈部并不是为了帮助获得食物，而是用来与同性进行争斗，赢得雌性的"芳心"。它们看上去虽然较为凶猛，却不会危及人类。

形态　长颈鹿象鼻虫的成虫体长2.5厘米，身体为黑色。颈部较长，雄性的颈部会更长些，通常是雌性的2～3倍。触角较长，像是长颈鹿的两个角。头部很小。触角、头部及颈部均为黑色，多数的身体上覆盖着红色翅膀的光亮外壳。足六只，为黑色。

习性　**活动**：由于独特的颈部结构，它特别适合于建筑巢窝和争斗，一般都是同性之间为了争夺雌性的"欢心"而进行。**食物**：以野牡丹植物为寄主，只啃食野牡丹科树叶，造成树叶的缺刻。**栖境**：只生活在马达加斯加岛的公园及森林等植被茂盛的地方。**繁殖**：雌性与雄性交配后，会在寄主植物的叶片上产卵，产卵时通常将树叶卷起，将自己卷入其中，然后通过产卵管产下一枚卵；经过一段时间的生长，卵孵化为幼虫，孵化时会将卷得很严实的树叶剪开，以便幼虫孵化出来；幼虫分5龄，老龄幼虫最后化蛹；蛹经过一段时间羽化为成虫，成虫可进行取食、交尾等活动。

与颈部相比头部显得非常短小

蚁形郭公虫

观察季节: 春、夏、秋季, 3~11月较常见

观察环境: 公园、树林等植被较为茂盛处

蚁形郭公虫的头部为黑色, 嵌合在前胸内, 构成一个非常融洽的整体, 和蚂蚁的头部十分相像, 所以人们称之为 "蚁形郭公虫"。

形态 蚁形郭公虫成虫形似蚂蚁, 体型中等, 体长7~11毫米。触角线状, 不是很长, 分9节, 黑色, 末端棕红色。头部黑色, 嵌合在前胸内, 形似蚂蚁头部。前胸背板前缘为棕红色, 其余部分为黑色。鞘翅为黑色, 翅肩部棕红色, 翅前半部和后半部有两条白色条纹平行分布于鞘翅上。腹部呈棕红色。足呈黑色。

习性 **活动:** 行动能力极强, 常表现出很强的搜寻和捕猎能力, 行动方向根据食物的位置而确定。**食物:** 幼虫和成虫有较强的猎物搜寻和捕食能力, 可以借助小蠹虫释放的聚集信息素确定小蠹虫的行踪, 其下颌骨非常坚硬, 能将蠹虫的坚硬外壳撕开, 杀死蠹虫。**栖境:** 常生活在亚热带、温带的森林中, 成虫常在树干裂缝中越冬。**繁殖:** 一生可多次交尾, 交尾时间几十秒钟到一分钟不等; 常将卵产在受小蠹虫为害树木的表皮裂缝内; 每次产卵1粒或数粒, 产在一处呈聚块状, 最多可达22粒。卵经一段时间后孵化为幼虫, 幼虫分为3龄, 刚孵化时为乳白色, 渐次变为浅红色; 老熟幼虫常在树皮木栓层内蛀一蛹室, 椭圆形, 内有白色唾液状物衬垫; 蛹期19~22天; 刚羽化的新成虫需在蛹室内停留5~10天, 待鞘翅硬化、变色后, 从羽化孔中爬出。

能挖掘隧道深入树皮内来捕食蠹虫, 一天之内可以捕食3只蠹虫, 用作几天的食物

▶ **别名:** 不详 | **分布:** 欧洲及我国的甘肃、内蒙古、云南等地

| 绿点椭圆吉丁 ▶ | 吉丁虫科，椭圆吉丁属 | *Sternocera aequisignata* Saunders | Jeerjimbe |

绿点椭圆吉丁

观察季节：春、夏、秋季

观察环境：果园、树林、公园

绿点椭圆吉丁虫大多色彩绚丽异常，似娇艳迷人的淑女，也被人喻为"彩虹的眼睛"。在亚洲大部分地区，它被作为画作、纺织品以及绿宝石的装饰品。在我国，它被列入国家林业局发布的《国家保护的有益的或者有重要经济、科学研究价值的陆生野生动物名录》。

形态 绿点椭圆吉丁的成虫体长30～50毫米，在吉丁虫中属于小型，体型窄长而扁，腹部趋尖，身体为翠绿的金属绿色。头部较小，触角短。前胸背板和翅鞘均为翠绿的彩虹色，并带有金属般的光泽，前胸背板上还带有密集的刻点，翅鞘的基部中央各具一个黄色的小圆斑块。足非常短。

日本人认为它艳丽的鞘翅能驱赶居室害虫，常把鞘翅镶嵌在家具上，既有驱虫之效又具装饰之美

习性 **活动**：胸部"颊窝"可探测长波红外线，能感知13英里外的林火，以便从几千米甚至十几千米以外的地方赶过来，在刚烧焦的松树上产卵、孵化幼虫。**食物**：幼虫常蛀食树木和灌木，严重时能使树皮爆裂，所以又被称为"爆皮虫"，是林木、果木的重要害虫。**栖境**：印度、泰国、缅甸的树林和灌木丛中，也飞入室内。**繁殖**：一个生命周期约两年，经历3个阶段：卵、幼虫、成虫。雌雄虫交配后常将卵产在树的缝隙处，经一段时间发育为幼虫；幼虫蛀食枝干皮层，被害处有流胶，为害严重时树皮爆裂，故名"爆皮虫"。成虫的寿命极短，仅有3～4周。

胸部有两个微小"颊窝"，每个包括大约70个感应单元，敏感度极高

别名：不详　｜　**分布**：印度、泰国、缅甸

眼斑叩甲

观察季节：春、夏、秋季，4～7月较常见

观察环境：果园、农作物种植区、森林、草场等

如果将眼斑叩甲固定在平面上，用手按住它的腹部，它会用头和前胸打击木板，好像在叩头；若将它背朝木板用手按住，它能用胸和头向前一跃而起。其实，叩头是聪明之举，可使它很好地躲避危险和越过障碍。

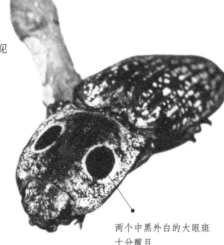

两个中黑外白的大眼斑十分醒目

[形态] 眼斑叩甲体型中等、狭长、硕壮，长25～45厘米，体色灰暗，体表多被细毛或鳞片状毛，组成不同的花斑或条纹。头后面的前胸上有两个中间为黑色外缘为白色的大眼状斑。前胸能活动。腹板突刺状，第1、2节腹板间缝明显，后胸腹板无横沟。翅鞘黑色，带有银白色的鳞片状斑纹。

[习性] **活动**：如果将眼斑叩甲固定在平面，用手按住腹部，它便能用头和前胸打击木板，似叩头；若是将其背朝木板用手按住，也能用胸和头向前一跃而起，而且，它前胸有两个中黑外白的大眼斑可以有效地避开敌人。**食物**：幼虫常取食多种植物的根部，如农作物、林木、果树、牧草和中药材；成虫喜食花蜜及植物的汁液。**栖境**：常生活在落叶林或混合林、农作物种植区、草场等地。**繁殖**：成虫常在4～7月活动，将卵产在土壤中；幼虫常取食腐烂植物的根部。

整个长得其貌不扬，与身体相比头部显得较小

幼虫俗称金针虫、铁线虫，土中生活，取食植物根部，数年完成一代，是地下害虫，为害多种农作物、林木、果树、牧草和中药材

别名：眼斑叩头虫 | **分布：**北美洲

丽叩甲

观察季节：春、夏、秋季，4～10月较常见

观察环境：亚热带常绿阔叶林中，尤其是松树林

丽叩甲就是俗称的"磕头虫"，看上去闪闪发亮，十分漂亮夺目。它是我国特有的美丽物种，当它被猎物抓住时能翻倒在地六脚朝天，还能反叩翻转，深得小朋友们的喜爱，常被抓来当玩具。

大多蓝绿色，前胸背板和鞘翅周缘具有金色和紫铜色闪光

形态 丽叩甲成虫体长36～44毫米，体色有深绿色、绿褐色、蓝绿色等不同的差异，变化颇大，身体表面具明显的金属光泽。触角为黑色。头宽，额向前呈现三角形凹陷，两侧高凸，凹陷内刻点粗密，向后渐疏。前胸背板盘区略凸，刻点细稀，两侧略凹。前胸腹板中央隆起，前端刻点明显。鞘翅侧缘向上反卷，背面具网状皮纹，分散有小刻点，端部呈齿状突出。腿节和跗节分散有红色或褐色毛。跗节腹面密集茶褐色垫状绒毛。爪呈镰刀状。

习性 **活动**：成虫每年4～10月活动旺盛，头部既能正叩也能反叩，当它被猎物抓住时能正叩；翻倒在地六脚朝天时，能反叩翻转。**食物**：松、杉为寄主，常吸食树木汁液。**栖境**：常生活在低海拔山区、亚热带常绿阔叶林中等。**繁殖**：完全变态昆虫，经卵、幼虫、蛹及成虫四个阶段；交尾后雌性成虫常将卵产在土壤中，靠近树根处；幼虫取食腐烂的树木根部，经一段时间生长发育后，老熟幼虫筑蛹室化蛹；蛹经一段时间生长发育后羽化为成虫。

昆虫界的"叩头大王"，既会正叩也会反叩

头部宽、扁，身上闪烁着莹莹的金属光泽

欧洲深山锹甲

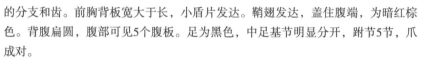

下颌骨形似鹿角

观察季节：春、夏、秋季，5~8月较常见

观察环境：公园、森林、枯树上

　　欧洲深山锹甲的属名为"cervus"，这本来是鹿的属名，因为它的大颚同鹿角十分相似，故得名。在法国，它被称为"cert-volant"；在意大利，它被称为"cervo-volant"——两者的意思都是"会飞的鹿"。

形态 欧洲深山锹甲成虫体型较大，身体长椭圆形或卵圆形，体长10厘米以上。身体黑色。触角较短，叶片部分共有四片。下颌骨非常壮实，形状与鹿角十分相似，颜色为暗红棕色；雄性的下颌骨比雌性的更大些，其上有更细的分支和齿。前胸背板宽大于长，小盾片发达。鞘翅发达，盖住腹端，为暗红棕色。背腹扁圆，腹部可见5个腹板。足为黑色，中足基节明显分开，跗节5节，爪成对。

习性 **活动**：成虫常在5月下旬~8月的黄昏或傍晚活动，可以飞行，但飞行较缓慢、迟钝；雄性较雌性活动起来更敏捷些。**食物**：幼虫常食朽木，成虫常吸食植物汁液及花蜜。**栖境**：常生活在朽木周围。**繁殖**：雌性在枯死树木周围的土壤中产卵，经一段时间后卵孵化为幼虫；幼虫呈"C"形，身体浅黄色，柔软、透明，头部橘黄色，足六只；幼虫期4~6年，经过几个发育阶段才在地下筑室化蛹；蛹期约3个月，常在次年夏天羽化为成虫，成虫仅存活几个星期。

● 最出名的锹甲种类之一，饲养人气极高，价格十分昂贵，而且饲养难度也高

别名：欧洲深山锹形虫 | **分布**：土耳其和叙利亚

彩虹锹甲

观察季节： 春、夏、秋季
观察环境： 山区、林间等植被相对丰富的地区

彩虹锹甲是全世界最美丽的甲虫之一，翅鞘充满了金属质感，光鲜亮丽的金属色泽让所有见过它们的人——即使是害怕虫子的人也惊叹不已。

形态 彩虹锹甲体型大，雄性体长24～70毫米，雌性体长23～46毫米。它们的外形颜色有两种：一种是偏绿的金属色，另一种则偏红。它们的大颚向上弯曲，像是独角仙；雄性的上颚大得有些夸张，看起来像一个"罐头起子"。翅鞘极其美丽，闪烁着耀眼的金属光泽。

习性 **活动：** 白天常在朽木的孔洞或土壤中活动，傍晚才出来进行活动，如交尾等。**食物：** 幼虫常以腐烂的木屑和朽木为食，成虫可以吸食树汁、水果汁液等。**栖境：** 大部分生活在新几内亚岛至在澳大利亚北部的高山林地间，这些地方一般温度较低、湿度较高。**繁殖：** 常在热带较湿润的环境中繁殖，雌性每次产卵50多个，卵期10～14天；卵孵化为幼虫常发生在潮

外形颜色通常分为两种：一种是偏绿的金属色，另一种是偏红色

湿的朽木上，木上一般长满白腐真菌，幼虫取食菌丝；幼虫分3龄，要在黑暗中度过大约一年时间才会化蛹；成熟的幼虫会在朽木里啃咬出很大的空间作为蛹室的框架，然后用咬下来的碎木屑粘成一个木屑包，把自己封在里边蜕皮成蛹，再过大概一个月后会羽化为成虫。

澳洲北部和新几内亚岛的特产，全属仅一种，因受到甲虫爱好者的狂热追随而流出到海外，曾经一对体型普通的活体在日本售价达到150万日元

别名： 不详 | **分布：** 澳洲北部、新几内亚岛

蛇蛉

观察季节：春、夏、秋季
观察环境：花园、山区、树林，尤其是温带针叶林

蛇蛉是分布较广泛的一种昆虫，除了澳大利亚，全球其他各大洲均有分布。它的前胸细长如颈，形状活脱脱像一条蛇。

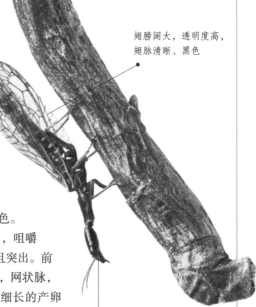

翅膀阔大，透明度高，翅脉清晰、黑色

头部较小，后方收缩呈三角形

形态 蛇蛉体长约60毫米，身体呈黑色。头部的纵轴和身体的纵轴大致呈直角，咀嚼型口器。触角丝状、细长，复眼较大且突出。前胸细长如颈。两对翅较大，形状相似，网状脉，略显绿色，其上各有1翅痣。雌体有细长的产卵管，为针状。前足位于前胸后端，足细长、黑色。触角及上颚均较长。翅膀较大，两对翅膀形状相似。

习性 活动：活动范围广且迅速、敏捷，尤其表现在捕获猎物时，常聚集在食物较为丰富的地方。**食物**：幼虫及成虫均为捕食性昆虫，幼虫常在针叶树的树皮下捕食小型软体昆虫，成虫常在花、叶片、树干等处取食蚜虫、鳞翅目幼虫等。**栖境**：幼虫为陆生，生活在山区，常在疏松的树皮下生活；成虫可见于花、叶片、树干等处。**繁殖**：雌性通过细长的产卵管将卵产在树皮或腐烂树木的缝隙处，经一段时间后，卵孵化为幼虫；初孵幼虫的头及前胸较硬，但身体其余部位较柔软；足三对；幼虫期2～3年；老熟幼虫筑室化蛹，蛹的位置常可以移动，化蛹时所需温度较低，大约0℃，常在晚春或早夏羽化，具体时间根据蛹的长度而定，成虫羽化大约需要3个星期。

细长针状的产卵管，再加上如蛇般的身体形状，故得名"蛇蛉"

普通蝎蛉

观察季节： 春、夏、秋季，5～9月较常见

观察环境： 山中、溪边、草地或树林中

普通蝎蛉的身体黄黑相间，雄性尾部长有一对卷须，是为了与雌性交尾时用的，尾须上虽然没有类似蝎子的毒刺，但其形状与蝎尾形状极其相像，所以人们根据这一特征，将它命名为"蝎蛉"。

雄性尾部有卷须，雌性没有

形态 普通蝎蛉的体型中等，身体细长，黄黑相间。头部为红色，向腹面延伸成宽喙状。触角长丝状，口器咀嚼式，眼较大并向前突出。前胸较短，通常有两对狭长的膜质翅，翅展35毫米，前、后翅大小、形状和脉相都相似，翅面上存在许多小黑斑。尾部红色，雄性的尾部长有一对卷须，交配用，卷须上无刺。足跗节末端具1对爪。体型不算太大，较为匀称。头部和尾部都是红色的。

习性 **活动：** 成虫常在5～9月在篱笆丛中、荨麻属植物的附近活动，成虫多在潮湿、隐蔽、湿润的植被上爬行，很少进行长距离飞行。**食物：** 常以肉食为主，亦食腐植物，可取食花蜜、果实、苔藓等。**栖境：** 多生活在北半球的森林、峡谷或植被茂密的地区。**繁殖：** 一年发生一代，雄性成虫寻偶交配后，为了交尾顺利进行，会将胸腺分泌出来的液滴送给雌虫；雌虫一般在潮湿、隐秘的土壤中产卵；卵经一段时间后发育为幼虫；幼虫与毛毛虫类似，体长约20毫米，有3对胸足，8对腹足；老熟幼虫在同一位置进行筑室化蛹，最后蛹羽化为成虫。

成虫、若虫均以口器锉伤叶背面表皮，尤其是叶柄和叶脉附近的叶肉下表皮，然后吸取流出的汁液

别名： 蝎蛉、举尾虫 | **分布：** 西欧及我国北方地区

幽灵竹节虫

观察季节：春、夏、秋季
观察环境：公园、农业种植区、森林等，尤其是竹林中

幽灵竹节虫算得上著名的伪装大师，具有高超的隐身术。当它爬到植物上时，能以自身体形与植物形状相吻合，装扮成被模仿的植物，或枝或叶，惟妙惟肖。

当它移动时身体会左晃右晃，如幽灵一样飘浮不定，故得名

形态 幽灵竹节虫形状细长似竹节，中至大型，体长20厘米，绿色或褐色，身上长满了钉状的刺。头呈卵圆形，略扁，下口式。复眼较小，呈卵形或球形，稍突出。触角短或细长。前胸短，中、后胸长，后胸与第1腹节紧密相连。具翅，前翅革质，后翅膜质，雌性的翅非常小，不足以飞行，雄性的翅较长。足细长或扁，前足在静止时向前伸长。产卵器不发达，有1对不分节的尾须。

习性 **活动**：行动迟缓，白天生活于草丛或林木上，晚上出来活动，取叶充饥。雌性翅较短，不善飞行；雄性善飞，在受到惊吓或寻找雌性交配时，多进行飞行活动。遇到危险时，它会飞行逃走，并释放一种无色且气味迷人的气体迷惑敌人，趁机消失得无影无踪。**食物**：杂食性，取食时间较长，常以桉树、月桂果实、黑莓、山楂、橡树等为食。**栖境**：多分布热带、亚热带地区，栖息于高山、密林和生境复杂的环境中。**繁殖**：生殖方式较特殊，当有雄性存在时为有性生殖，卵的孵化约4个月；当无雄性存在时采用孤雌生殖方式，卵的孵化约9个月；均是将卵产在距离森林地面几尺高的位置，孵卵时温度必须低于25℃。

有典型的拟态和保护色，与其栖息环境相似，不易被敌害发现

别名：不详 | **分布**：欧洲及我国的湖北、云南、贵州等地

黑魔鬼

观察季节：春、夏、秋季

观察环境：公园、农业种植区、森林等

　　黑魔鬼竹节虫的身体看上去黑黑的；眼睛黄色，看上去类似于脊椎动物的瞳孔；翅膀血红色；整体长得像是传说中的恶魔，故得名。当它展开后翅、露出艳丽的红色时，说明它感受到了威胁，正在以警戒色自卫，以便吓走天敌。

受到刺激时，头后方的腺体会散发出一股怪味，以吓退敌人

形态　黑魔鬼竹节虫的成虫体型较大，雌性可达5.5厘米，与雄性相比略大些，雄性一般3.8～4.3厘米，身体黑色。身体前方有一对触角，较长，为黑色；眼睛为黄色，嘴为红色或棕褐色。头后方存在一个腺体。翅发育不完全，为浅红色。

习性　**活动**：行动迟缓，白天生活在草丛或林木上，晚上出来活动，取叶充饥；翅发育不完全，不善飞行，常在植物上爬行。**食物**：杂食性，取食时间较长，常以胡椒木属、水蜡树、忍冬属植物等为食。**栖境**：多分布在热带、亚热带、温带地区，栖息于高山、密林和生境复杂的环境中。**繁殖**：生殖方式较特殊，当有雄性存在时为有性生殖，卵的孵化大约4个月；当无雄性存在时，采用孤雌生殖方式，卵的孵化大约9个月；均是将卵产在距离森林地面几尺高的位置，孵卵时温度必须低于25℃。

触角长长的、黑黑的

眼睛黄色——看上去还有类似脊椎动物的瞳孔，嘴红色，衬托着黑头黑身子十分醒目

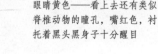

翅膀红色，发育不完全

普通竹节虫

观察季节：春、夏、秋季

观察环境：农业种植区、花园、树林等，尤其是竹林中

　　竹节虫是最善于伪装的，当它爬在植物上时，能使身体形状与植物形状相吻合；同时，它还能根据光线、湿度、温度差异来改变体色，让自身完全融入到周围的环境中，使鸟类、蜥蜴、蜘蛛等天敌难以发现它的存在而安然无恙。

你能看出这是一只虫子还是一根草茎吗？

形态 普通竹节虫身体修长，形状呈树枝状。雌雄不同型，雄性通常约75毫米，身体为棕色，雌性一般约95毫米，身体棕绿色。触角较长，大约为体长的2/3。无翅或者翅不发达。有3对足，静息时前足向前伸展至触角后方，伪装成树枝状。腹部末端有尾须，每个尾须只有一节。

习性 **活动**：行动迟缓，白天生活在草丛或林木上，晚上9点～凌晨3点之间活动旺盛。它们无翅或者翅不发达，所以不能飞行，常在新生树叶上爬行。**食物**：杂食性，取食时间较长，常以榛树、黑樱桃、白橡树、黑橡树等植物为食；以竹、棉花等为寄主，取叶充饥。**栖境**：多分布热带、亚热带、温带地区，栖息于高山、密林和生境复杂的环境中。**繁殖**：生殖方式较为特殊，当有雄性存在时，为有性生殖，卵的孵化大约4个月；当无雄性存在时；采用孤雌生殖的方式，卵的孵化大约9个月；均是将卵产在距离森林地面几尺高的位置，孵卵时温度必须低于25℃。

奇特的隐身生存行为在昆虫界可谓首屈一指

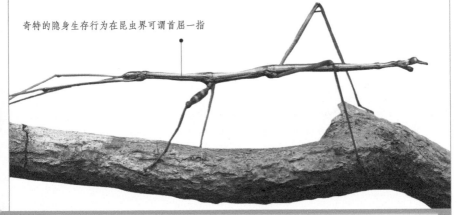

环纹竹节虫

观察季节：春、夏、秋季

观察环境：树林，尤其是女贞树种植区、紫丁香种植园

环纹竹节虫的体型较小，体型优美多姿，它是唯一一种有翅的竹节虫，原产于马来西亚，身体前端还附有蓝黑色环状条纹，所以有人称它为"马来西亚环纹死灵"。

形态 环纹竹节虫体型较小，雌性成虫体长9厘米，雄性成虫体长6.5厘米。身体颜色鲜艳，为浅黄绿色或暗绿色，全身均带有黑色线条，前端有蓝黑色环状条纹。触角长，雄性的触角比雌性的还要长。前翅带有蓝色斑块，后翅呈粉红色。

习性 **活动**：身体矫健，翅膀发达，飞行起来迅速、矫健，尤其是雄性。**食物**：常以女贞树和木犀属植物的叶片为食物，虽然木犀属植物的叶片非常硬，但它的幼虫还是可以毫不费力地将它们吃光，夏季时也会取食紫丁香。**栖境**：马来西亚的树林等植被茂盛的地方，尤其是女贞树种植区、紫丁香种植园。**繁殖**：雌雄交配后，常将卵产在地面下或腐殖质中，卵的形状类似于裂齿状，大约5毫米长；卵经一段时间孵化为幼虫；初孵幼虫以女贞树的叶片为食，4龄后开始以木犀属植物的叶片为食；幼虫喜欢湿润的环境，经过5~6个月的幼虫期后羽化为成虫，成虫可以飞行。

前翅上带有一块蓝色斑块，后翅为粉红色的，看上去身体颜色丰富多彩，所以又被称为"五彩红翼竹节虫"——大翅膀可不仅仅是为了美丽，飞行起来非常有力，轻巧自如

巨人叶蛸

观察季节： 春、夏、秋季

观察环境： 公园、森林等植被茂盛处

巨人叶蛸有很多年的历史，它的化石可以追溯到4700万年前。尽管漫长的岁月流逝，它的形态却没有发生太多变化，无论怎么看都像一片叶子，如此长相自然可在捕食者面前瞒天过海。

甚至会在身体边缘"伪造"被咬过的咬痕，看起来更像一片树叶，从而达到迷惑敌人的目的

形态 巨人叶蛸的身体较长，浑身绿色，看似一片树叶。头部较小并向前延长，触角非常短小。前胸与腹部相比较为细长。腹部又圆又大。翅较大，常为绿色，或同伪装的叶片颜色一致，翅上的网状纹如叶脉形。足6对，较为细长，一对前足位于前胸上。

习性 **活动：** 当它静息在树叶上时，前足向前伸展至触角后端，其余两对足向体侧伸展，翅覆盖在腹背面，特别像一个体型巨大的少女。常伪装成树叶，躲过天敌的视线。**食物：** 取食特定植物的叶片，最喜食桑树叶，被咬伤的叶片叶柄会短而尖。**栖境：** 多分布在热带、亚热带、温带地区，栖息于高山、密林和生境复杂的环境中，有典型的拟态和保护色，与其栖息环境相似，不易被敌害发现。**繁殖：** 一生经历3个阶段，即卵、幼虫、成虫。雌雄交配后，常将卵产在叶片上或植物的茎上；卵经一段时间孵化为幼虫；初孵幼虫以树的叶片为食；幼虫喜欢湿润的环境，经过几个月的幼虫期后羽化为成虫，成虫善于伪装。

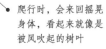

爬行时，会来回摇晃身体，看起来就像是被风吹起的树叶

别名： 不详 | **分布：** 亚洲的南部、东南部至澳大利亚均见

爪哇叶蟎 ▶ | 竹节虫科，竹节虫属 | *Phyllium siccifolium* L. | Orient leaf insect

爪哇叶蟎

前足在静止时向前伸长

观察季节：亚热带春、夏、秋季；热带一年四季
观察环境：树林、草丛

　　爪哇叶蟎，又称东方叶蟎，是在我国分布的26种竹节虫的一种，它可模拟植物叶片，是"模仿专家"；它的腹部和背上的翅膀特别像是雨林中的一片又宽又大的叶片——这样惟妙惟肖的模仿常常使它躲过天敌的追踪。

形态 爪哇叶蟎体型中等，成虫体长约11厘米，身体宽扁，鲜绿色。触角长丝状，多节。头部较小，为圆形；复眼小，卵形或球形，稍突出；口器为咀嚼式。前胸较小，背板扁平，中胸和后胸伸长。有翅，翅为两对，前翅革质，多狭长，横脉众多，脉序呈细密的网状。翅和腹部形状似一片绿色阔叶树的叶片。足细长或扁。

习性 **活动**：可以飞行但不善飞行，一般在夜间活动，白天静栖在树丛或草丛中。特别善于伪装，体色多为绿色或褐色，跟生活环境中的植物叶片颜色相似，有助于逃避天敌的侵害。**食物**：植食性，常取食树木的叶片。**栖境**：常生活在热带和亚热带地区的高山、密林、草丛、竹林等生境复杂的环境中。**繁殖**：一生经历3个阶段，即卵、幼虫、成虫。雌雄交配后，常将卵产在叶片上或植物的茎上；卵经一段时间孵化为幼虫；初孵幼虫以树的叶片为食；幼虫喜欢湿润的环境，经过几个月的幼虫期后羽化为成虫，成虫善于伪装。

当它爬在植物上时，腹部和背上的翅膀极像树林中一片宽大的绿色阔叶树叶片，中间甚至还有凸起的叶片"中脉"，两边有"支脉"，圆圆的小头正好做"叶柄"，脚则伪装成被其他昆虫啃食过的残缺不全的小叶片

▶ | **别名**：东方叶？ | **分布**：热带和亚热带，我国海南岛、云南红河州和西双版纳热带雨林

犀角金龟

观察季节：春、夏、秋季，3～9月较常见

观察环境：公园、树林等植被茂盛的地区，尤其是椰树种植区

　　犀角金龟成虫体长37～43毫米，最长可达47毫米，是在欧洲发现的最大的甲虫。身体扁圆形，看上去十分结实，头部上方有一根无分叉的犄角，像犀牛犄角，故被称为"犀角金龟"。它常常生活在南部平地或低海拔山区，特别喜欢咬食椰树，给椰树种植业造成巨大的损失。

大黄蜂常将卵产在犀角金龟幼虫的体内，孵化出幼虫后即以犀角金龟的幼虫为食

形态 犀角金龟成虫体长37～43毫米，身体为黑褐色，腹面覆盖有红色的长毛。头和前胸背板均为黑色，头部上方有一根无分叉的犄角，雌虫犄角较雄虫短。前胸背板中央具大范围凹陷，雌虫前胸背板凹陷范围也较雄虫小。足与身体颜色相同，其上长有红色的长毛。

习性 **活动**：成虫常在3月下旬开始活动，直到秋季，6～7月为活动盛期，常在黄昏或傍晚飞行运动，夜晚有趋光性。成虫以椰树为食。较大的幼虫常在朽木的树桩或木屑处活动，尤其喜欢聚集在椰树根部做卷曲状蠕动运动。**食物**：以椰树为食。**栖境**：一般生活在中南部平原或低海拔山区，尤其温度在26～30℃，环境中水分充足但不能有积水。**繁殖**：成虫常在夏季交配、产卵，雌虫多将卵产在树根旁的土壤中或腐烂树木中；经一段时间卵孵化为幼虫，幼虫乳白色，生活于土中；老熟幼虫在地下作茧化蛹；最后蛹羽化为成虫，成虫的羽化发生在3月末，一直活动到秋季。

喜欢温度较高且较为湿润的环境

▶ **别名**：犀金龟 │ **分布**：北欧、近东、巴基斯坦、北非

长须金龟

观察季节：春、夏、秋季
观察环境：松树林的边缘、葡萄园、沙丘地带

　　长须金龟是欧洲鳃角金龟亚科的最大一种，长相很有特点，身体长得十分结实，被一些白色软毛——这些软毛在身体上呈斑块状分布，就像大理石的花纹一样；最独特的是它的触角——雄性的触角会膨大为扇形，云鳃金龟属的甲虫都有这种特点，属名"Polyphylla"有"多重、很多叶片"之意。

形态 长须金龟成虫体长可达38毫米，身体粗壮，向上凸起。身体颜色为红棕色或黑色，身上覆盖着一些白色的软毛斑点，软毛斑点的形状类似于大理石上的花纹。雄性的触角很长，且膨大为扇状；前胸背板为长椭圆形。足6只，为黑色。

习性 **活动**：常在夜间活动，在黄昏至晚上10时左右活动最为旺盛，有趋光性。**食物**：成虫常以松树为食，幼虫常以禾本科和莎草科植物的根部为食。**栖境**：常生活在多沙地带，如阳光充足的松树林的边缘、葡萄园或沙丘等。**繁殖**：成虫常在夏季交配、产卵，雌虫多将卵产在树根旁的土壤中；经一段时间卵孵化为幼虫，幼虫乳白色，身体常弯曲呈马蹄形，背上多横向的皱纹，尾部有刺毛；幼虫生活于土中，常啃食植物的根和块茎或幼苗等地下部分；老熟幼虫在地下作茧化蛹；最后蛹羽化为成虫。

身体上有着大理石一般的花纹

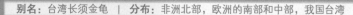

格彩臂金龟

观察季节：热带地区一年四季，亚热带地区春、夏、秋季，7~8月较常见

观察环境：公园、农业区、森林等，尤其是朽木附近

格彩臂金龟是世界上稀有的种类，是我国二级重点保护野生动物。它闪烁着美丽的金属光泽，雄虫前足长度超过身体总长，这是臂金龟的最主要的特征，人们根据这一特征，将它命名为"格彩臂金龟"。

雄虫前足很长

形态 格彩臂金龟体型硕大，体长约63毫米，体宽约35毫米，呈椭圆形。头部较小，触角10节。前胸背板古铜色且泛绿紫色金属光泽，侧缘呈显著的锯齿形。鞘翅为黑褐色，有许多不规则黄褐色斑点，夹杂一些黑褐色小点，其余部分为金紫色。前足十分狭长，股节前缘中段角齿形扩出，胫节匀称弯曲，背面中段有短壮齿突1枚，外缘有小刺5~6枚。

习性 **活动**：成虫一般在夜晚活动，有较强的趋光性。**食物**：幼虫以腐朽木材为食，成虫以树木伤口流出的汁液为食。**栖境**：常生活在热带、亚热带的森林中。**繁殖**：一生经历四个阶段，即卵、幼虫、蛹、成虫。雌雄交配后，在每年七八月产卵，卵经一段时间后便孵化为幼虫，幼虫以腐朽木材为食；老熟幼虫会在朽木内形成蛹室，并在里面化蛹，羽化后会在朽木中度过一个月左右的蛰伏期，之后便开始取食、交配，成虫以树木伤口流出的汁液为食。

体色多样，包括金绿色、墨绿色、金蓝色、黄褐色、栗褐色等多种

别名：不详 | **分布**：印度东北部、越南南部、缅甸、泰国、老挝及我国云南、广西

双叉犀金龟 ▶ 金龟子科，叉犀金龟属 | *Allomyrina dichotoma* L | Japanese rhinoceros beetle

双叉犀金龟

观察季节：春、夏、秋季，6～8月较常见
观察环境：花园、果园、树林

　　双叉犀金龟硕大威武，看上去就像一个威武的将军，它在我国一些地方较为常见，可用作观赏，是常见的宠物。

有着一只雄壮有力的独角，顶端双分叉，常被人们称为"独角仙"

形态 双叉犀金龟体大而威武，不包括头上的犄角，其体长就达35～60毫米，体宽18～38毫米，呈长椭圆形，脊面十分隆拱，体色栗褐色到深棕褐色。头部较小，触角10节。雌雄异型：雄虫前胸背板中央生出一个角突，其末端分叉，背面比较滑亮；雌虫体型略小，头面中央隆起，前胸背板前部中央有一丁字形凹沟，背面较为粗暗；三对长足强大有力，末端均有利爪1对。

习性 **活动**：成虫有趋光性，多为夜伏昼出，白天常聚集在青刚栎流出树液处或在光蜡树上，到了晚上常聚集在山区的路灯处。**食物**：成虫常以树木伤口处的汁液或熟透水果为食；幼虫以朽木、腐殖土、发酵木屑、腐烂植物质为食。**栖境**：东亚及东南亚山区、森林等植被茂盛处，尤其是光蜡树、青刚栎聚集地。**繁殖**：雌雄交尾后1～2周雌虫在富含有机质的腐植叶木屑或腐殖土中产卵，卵初为乳白色、椭圆形，而后吸水膨大变圆；卵经7～10天孵化为幼虫；幼虫为"C"形卷曲，幼虫期长达10个月；终龄幼虫在化蛹前会先蠕动身体，压紧周遭的土壤成为椭圆形的蛹室，化蛹时连同幼虫的旧皮一起脱落；成虫的羽化从蛹的背面裂开，先是头部钻出，然后不断地摆动身体来挣脱蛹壳，这个过程如果不顺利会造成羽化失败与畸形。

雄虫头顶生出一个角突，其末端分叉，雌虫体型略小，头胸上均无角突

别名：独角仙 | **分布**：朝鲜、日本及我国吉林、辽宁、河北、山西、山东、河南、江苏

大王花金龟

观察季节： 春、夏、秋季

观察环境： 花园、果园、树林等，尤其是柳树、桑树、樟树林中

大王花金龟原产于非洲，由于长相美观被引进其他一些国家用作观赏。

形态 大王花金龟体型硕大而威武，雄性体长50～110毫米，雌性体长50～80毫米；头为白色，雄性的前方有一个黑色的"Y"形角。前胸背板主要为黑色，其上带有纵向的白色条纹。翅鞘为棕黑色，上面的图案随着不同的亚种而变化。翅膀一对，较大，为膜质，常用作飞行，当它静息时，翅膀折叠在翅鞘的下方。

习性 **活动：** 活动极其敏捷、迅速，且攻击力极强，一般昆虫均不是它的对手。**食物：** 成虫常以树木伤口处的汁液或熟透的水果为食；幼虫以朽木、腐殖土、发酵木屑、腐烂植物质为食。**栖境：** 常生活在赤道附近的热带森林或亚热带草原中，在土壤下20~40厘米处越冬。**繁殖：** 一生经历4个阶段，即卵、幼虫、蛹、成虫。雌雄交尾后常在富含有机质的腐植叶木屑或者腐殖土中产卵，刚产下的卵为乳白色，椭圆形；卵经一段时间后孵化为幼虫，幼虫期长达10个月；终龄幼虫化蛹时连同幼虫的旧皮一起脱落；经过一段时间后蛹羽化为成虫。

雄性的身体前端有一只雄壮有力的"Y"形角，十分具有攻击力，常用来争夺食物和配偶

雌成虫寿命为95~145天，雄成虫寿命88~106天

为害梨、桃、李、葡萄、苹果、柑橘等外，还为害柳、桑、樟、女贞等林木

| 白斑绿角金龟 ▶ | 金龟子科，花金龟属 | *Chelorrhina polyphemus* F. | Magnificent flower beetle |

白斑绿角金龟

观察季节：热带地区一年四季，亚热带地区每年春、夏、秋季，6～8月较常见

观察环境：花园、果园、树林

　　白斑绿角金龟原产于非洲，由于长相美观被引进其他一些国家用作观赏。雌性与雄性相比娇小些，身体表面纹理为白色，闪闪发光，闪烁着耀眼的颜色，十分美丽迷人。

形态 白斑绿角金龟的体形硕大威武，雌雄身体特征表现出明显的差异，雄性体长35～80毫米，雌性体长35～55毫米。身体为棕褐色，雌性身上分布着一些白色斑纹，看上去闪着非常美丽的光芒，雌性身体前方没有角；雄性身体前方有一个绿色的角，体型更加肥大，身体颜色较为柔和，没有金属般的光泽。

习性 活动：成虫有趋光性，多为夜伏昼出，白天常聚集在受伤植物的伤口处，晚上常聚集在路灯附近。**食物**：成虫常以树木伤口处的汁液或熟透水果为食，幼虫以朽木、腐殖土、发酵木屑、腐烂植物为食。**栖境**：常生活在非洲茂密的热带雨林中。**繁殖**：一生经历4个阶段，即卵、幼虫、蛹、成虫。雌雄交尾后常在富含有机质的腐植叶木屑或者腐殖土中产卵，刚产下的卵为乳白色，椭圆形；卵经一段时间后孵化为幼虫，幼虫分为3龄；3龄幼虫化蛹，蛹为卵形并固定在一个坚固的表面，这样以便更好地羽化；经过一段时间后蛹羽化为成虫。

一种大型的非洲金龟子，生活在繁茂的热带雨林里，经常停留在树木受伤流出汁液处，雄虫有角，长度不一，雌虫没有角，大小与雄虫相近，但身体表面会比雄虫更光滑明亮

角的大小及长度与蛹期食物数量与质量的丰富程度有关

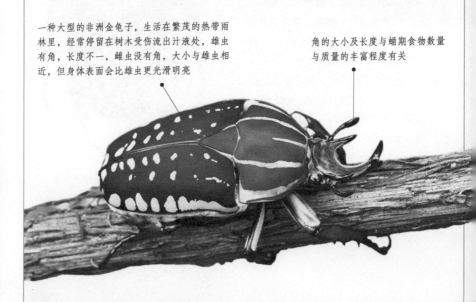

| ▶ | **别名**：波丽菲梦斯花金龟 | **分布**：非洲地区，如刚果、加纳 |

细角疣犀金龟

观察季节：春、夏、秋季

观察环境：花园、树林、果园等

细角疣犀金龟原产于中国，后来传到泰国、越南等地饲养。它长相美观，身体颜色非常鲜艳，具有观赏价值。

形态 细角疣犀金龟体型巨大，呈卵圆形，背面十分隆拱，为深棕褐色。头小，唇基前缘为双齿形。触角10节。黑亮的前胸背板上有着独特的4个胸角。鞘翅除四周外呈草黄至黄褐色，其上匀布细微刻点。腹部腹板两侧各有毛1排。前足胫节外缘3齿，中足、后足胫节端缘有2齿，每足有爪1对。

前胸背板又黑又亮，上面还长着独特的4个胸角，再加上头上的犄角，被人们称为"五角大兜虫"

习性 **活动**：体型较大，虽然可以飞行，但活动起来十分笨拙，不能做远距离飞翔，每年9月为活动高峰期。**食物**：成虫常以树木伤口处的汁液或熟透的水果为食，幼虫以朽木、腐殖土、发酵木屑、腐烂植物为食。**栖境**：常生活在中国西南部的山区林间。**繁殖**：一生经历4个阶段，即卵、幼虫、蛹、成虫。每年9月雄性都等待雌性来与它交尾，雌雄交尾后常在富含有机质的腐植叶木屑或者腐殖土中产卵，刚产下的卵为乳白色，椭圆形；卵经一段时间后孵化为幼虫，幼虫以腐烂的木屑为食；末龄幼虫化蛹，蛹为卵形；经过一段时间后蛹羽化为成虫。

鞘翅为鲜艳的黄色，与那5个角搭配在一起，造型非常独特，让人过目不忘

别名：五角大兜虫 | **分布**：印度、缅甸、泰国、越南及我国云南、广西等

毛象大兜虫

观察季节：春、夏、秋季，6～8月较常见
观察环境：花园、果园、树林等

　　毛象大兜虫是兜虫属的代表品种，它原产于中美洲，后来许多国家都有饲养。

形态 毛象大兜虫成虫体长7～12厘米，雄性较长，有的可达雌性体长的2～3倍。身体为黑色，体表覆盖金黄色短绒毛。雄性有两个角，其中一个位于头部的前端，头角较长，另一个长在前胸上，较短；雌性没有头角。雄性的翅鞘上覆有金黄色短毛，但毛较稀疏；雌性的前胸背板及翅鞘上半部没有覆毛，细毛常会因磨损而掉落，掉落后不会重新长出。

> 雄虫身体前方拥有发达的头角及向左右方平斜伸出的短胸角，乍看上去，很像一只可爱的小象，故被人们称为"毛象大兜虫"；雌虫没有角

习性 **活动**：夜间活动非常活跃，身体有体温调节机制，可以适应夜间温度的降低。**食物**：成虫常以树木伤口处的汁液或熟透水果为食，如凤梨、龙眼、荔枝；幼虫以朽木、腐殖土、发酵木屑、腐烂植物为食。**栖境**：常生活在美洲的热带雨林中，一般生长温度为18～30℃。**繁殖**：雌雄成虫交尾后大约3周，雌虫在朽木或腐殖土中产卵；刚产下的卵乳白色，7～10天后孵化为幼虫；幼虫一般为"C"形卷曲，身体白色，头部棕色，足6只；幼虫期长达3年；终龄幼虫在化蛹前会先蠕动身体，化蛹时连同幼虫旧皮一起脱落，温度必须在26℃左右；蛹期5个星期；成虫羽化时从蛹背面裂开，羽化后寿命只有1～3个月。

> 成虫体表覆盖一层金黄色短绒毛，看上去毛茸茸的，很可爱

别名：不详　｜　**分布**：中美洲，如墨西哥、美国的中部

蜉蝣 ▶ 蜉蝣科，古生翅类属 | *Ephemera danica* Müller | Green drake

蜉蝣

咀嚼式口器无咀嚼能力，成虫不取食

观察季节： 春、夏、秋季

观察环境： 水溪和池塘中

身体柔软，细长

蜉蝣是最原始的有翅昆虫，它的稚虫水生，成虫不能取食，寿命很短，仅有一天而已，所以有一种说法叫"朝生暮死"，也被称为"一夜老"。

形态 蜉蝣体形较小或中等，体长15~20毫米，触角较小。复眼发达，雌性复眼左右远离，雄性复眼较大，左右接近。胸部以中胸最大，前、后胸小而不显著。翅两对，呈三角形，脆弱，膜质，前翅大，后翅小或者退化，翅脉最为原始，多纵脉和横脉，呈网状，翅的表面呈折扇状。足细弱，跗节1~5节，末端有爪1对。

腹部末端有一对长长的尾须，看上去有些拖沓

亚成虫期长短与成虫期之长短相关，亚成虫期短，成虫寿命短；亚成虫期长，成虫期长

习性 **活动：** 亚成虫和成虫都能够在空中飞行，飞行能力不强，活动也不灵活，飞行时翅膀振动频率很小。幼期（稚虫）水生，生活在淡水湖或溪流中。**食物：** 幼虫以高等水生植物和藻类为食。**栖境：** 水流清澈的河流或底部含有砂砾的湖泊中。**繁殖：** 一生经历卵、稚虫、亚成虫和成虫四个时期。雌虫与雄虫交配后将卵产在水中；卵小，一端常附着帽状物或表面伸出黏丝，经一段时间发育为稚虫；稚虫期数月至1年或1年以上，蜕皮20~40次；老熟稚虫浮升到水面或爬到水边石块或植物茎上，日落后羽化成亚成虫，行动不活泼，呈静休状态。

前翅非常发达，后翅却退化

体壁薄而有光泽，白色或淡黄色

春夏两季，从午后至傍晚，常有成群的雄虫进行"婚飞"，雌虫独自飞入群中与雄虫进行配对

别名： 一夜老、夜夜老 | **分布：** 世界各地

非洲红蜻蜓

观察季节： *春、夏、秋季，4～9月较常见*
观察环境： *花园、森林、草原、河畔等*

非洲红蜻蜓原产于非洲，目前分布到世界各地了，在我国农村也很常见。由于它鲜艳的身体颜色，辨识度很高，人们看见它一般都会认出来。

背线为黑色

大大的复眼整体呈红色，极其醒目，但眼睛下部为蓝灰色

形态 非洲红蜻蜓成虫体长3.2～3.6厘米，身体细长，尤其是腹部，呈红色。复眼较大，为红色。翅两对，翅展5.8厘米，透明，翅脉红色，前翅和后翅基部均有一块黑斑。腹部细长，分节，雄性的末端带有一块黑色斑点。

习性 **活动：** 飞行速度很快，动作敏捷灵活，差不多能避开所有敌害。**食物：** 以蚊、蝇等对人有害的昆虫为食。**栖境：** 常生活在热带和亚热带潮湿的低地森林、干旱或潮湿的热带草原，干旱或潮湿的灌木丛中。**繁殖：** 成虫交配姿势独特，雄体用腹部末端的抱握器握住雌体的头或前胸，通过它的动作引诱雌体将其腹部前弯，接触到雄体腹部基部的交尾器，交配时多降落地面，亦可在空中进行，交配时间数秒至数小时。交配后雌体立即产卵或经数小时、数天后产卵，雌虫以连续点水的方式产卵；幼虫以鳃呼吸，常静息不动，当猎物靠近时方射出能缠卷的唇以捕捉猎物；刚羽化的成虫体软，生殖系统不成熟，色泽尚未完善，最初的活动之一是飞离水域。

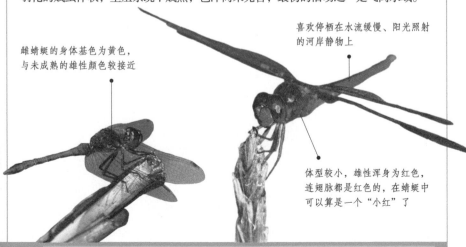

雌蜻蜓的身体基色为黄色，与未成熟的雄性颜色较接近

喜欢停栖在水流缓慢、阳光照射的河岸静物上

体型较小，雄性浑身为红色，连翅脉都是红色的，在蜻蜓中可以算是一个"小红"了

别名： 不详 | **分布：** 非洲、南欧、中东、印度洋岛屿

宽翅蜻蜓

观察季节：春、夏、秋季，4～9月较常见
观察环境：旷野、池塘、河流等处

　　宽翅蜻蜓的腹部带有黄色的斑点，这是它最显著的特征；雄性腹部上还覆盖着浅浅的蓝色绒毛，像穿了一件毛茸茸的裙子，看起来十分优美。

欧洲和中亚地区最常见的蜻蜓种类之一

形态 宽翅蜻蜓成虫的体型中等大小，腹部较宽大、扁平，颜色为棕褐色，下方带有黄色斑点。雄性腹部上覆盖着浅浅的蓝色绒毛。翅两对，翅展70毫米。前翅和后翅基部均有一块黑斑，并在翅基前端有一条较宽条纹，前翅三角室与翅的长轴垂直，后翅三角室与翅的长轴同向。臀圈足形，趾突出，具中肋。

习性 **活动**：成虫常在池塘或河边飞行，迅速灵活，差不多能避开所有敌害。
食物：肉食性，成虫飞行捕食飞虫，也可食蚊及其他有害昆虫；早龄稚虫取食小甲壳动物和原生动物等水生动物，后期稚虫取食摇蚊幼虫、水生甲虫和螺类。**栖境**：北半球的温带地区，息于旷野、池塘、河流等处。**繁殖**：一生经历卵、稚虫、成虫3个时期。雌虫与雄虫交配后将卵产在水中或植物上（后掉落水中）；卵经一段时间发育为幼虫，第一龄稚虫的鞘状表皮裂开后释放出蜘蛛状的第二龄稚虫，随着蜕皮次数增多而长大，最后一龄时体内形成成虫器官，几天后爬出水面，蜕皮而露出成体。

腹部宽、扁，翅膀大且宽

雄性腹部上覆盖着浅浅的蓝色绒毛

条斑赤蜻

观察季节： 夏、秋季，7～10月较常见
观察环境： 草地、林间空旷地和花园

条斑赤蜻在我国东北部很常见，它学名中的"striolatum"就有"胸部纹路"之意，人们根据这一重要特征将它命名为"条斑赤蜻"。

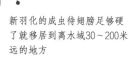

新羽化的成虫待翅膀足够硬了就移居到离水域30～200米远的地方

[形态] 条斑赤蜻的身体为红黄色，身体细长，尤其是腹部较长。头部有黑色条纹，常延伸到眼睛；额部为淡红黄色；复眼上部为巧克力棕色，下部则为黄绿色。雄性胸部有两条浅色的侧纹；雌性的胸部颜色很淡，只有腹部中线上才可以看出红色。雄性腹部26～29毫米，雌性稍微小些，约25～28毫米。翅展27～30毫米。腿黑色，上面有红色或黄色。

[习性] **活动：** 身体小巧，飞行速度极快，可在空中捕捉昆虫作为食物。每年的飞行时间在7～10月。**食物：** 肉食性，食物较广，成虫在飞行中捕食飞虫，也可食蚊及其他对人有害的昆虫。**栖境：** 对生活水域不挑剔，水温在16～21℃即可。幼虫常生活在浅水下的植物上，一般选择营养丰富、阳光充沛的静水中；成虫常生活在草地、林间空旷地和花园里。**繁殖：** 交配期雄虫待在3～5米高处等待雌虫经过，交配后雌虫一般抓住一根植物，雄虫飞开；雌虫用约20分钟产卵，通过腹尖将卵产在水中，每次产卵数千个。卵发育为幼虫，幼虫期5～15个星期，蜕皮8～10次，发育为成虫。

有着长长的腹部和长长的翅膀，但胸部有两条浅色侧纹，这是区别于同属其他蜻蜓种类的重要特征

别名： 不详 | **分布：** 非洲北部、欧洲、西亚、朝鲜、俄罗斯及我国东北部

虾黄赤蜻

观察季节：春、夏、秋季，4~9月较常见

观察环境：草地、花园和植被茂盛的丛林中

虾黄赤蜻和同属其他蜻蜓长相差不多，最大特征是每一个翅膀基部会存在一块较大的橙黄色，尤其是后翅，故得名。

分布在欧洲及我国中北部，有时会迁徙到其他地方

雄性的身体红色

形态 虾黄赤蜻雄性身体为红色，细长，腹部较长。头部有黑色条纹，额部为淡红黄色，复眼上部为巧克力棕色，下部为黄绿色。翅透明，膜质，每一对翅的前端都有一块长方形的红色斑，每一个翅膀的基底都有一大块橙黄色，尤其是后翅极为明显。雄性腹部26~29毫米，雌性稍微小些，25~28毫米。腿黑色，上面有红色或黄色。

习性 **活动**：成虫飞行迅速敏捷，一般不做长距离飞行。**食物**：捕食性，食性较广，成虫在飞行中捕食飞虫，也食蚊及其他对人有害的昆虫。**栖境**：成虫生活在植被茂盛、丰富的森林中；若虫生活在高海拔有水生植物的湖泊中。**繁殖**：交配期雄虫待在3~5米高处等待雌虫经过，交配后雌虫一般抓住一根植物，雄虫飞开；雌虫用约20分钟产卵，通过腹尖将卵产在水中，每次产卵数千个，在死水尤其是泥煤沼中繁殖。卵经一段时间发育为幼虫，幼虫期5~15个星期，蜕皮8~10次发育为成虫，待翅膀足够硬了就移居到离水域30~200米远的地方。

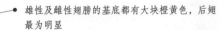

雄性及雌性翅膀的基底都有大块橙黄色，后翅最为明显

黄蜻

观察季节： 春、夏、秋季

观察环境： 草地、林间和花园

黄蜻被誉为这个星球上最广布的蜻蜓，夏天常看见它们成群低飞。它有惊人的迁徙能力，能沿着海面以每秒10千米的速度飞行，飞行距离超过10000千米，从而获得"全球浏览者"和"漂流滑翔机"等美誉。

雄性刚羽化时黄色，逐渐变为深黄色接近红色，头部深红色；雌性刚羽化时浅黄色，逐渐变成黄色

形态 黄蜻成虫体长32~40毫米，身体金黄色。头顶中央突起，顶端黄色至红色，下方黑褐色，后头褐色。复眼非常大，几乎占据了整个头部，为红色。胸部金黄色，并带有一条黑色纵线，具黑色细毛。翅透明，赤黄色，基部较宽，翅展7.2~8.4厘米。腹部金黄色，第1腹节背板有黄色横斑，第4~10背板各具黑色斑一块。足黑色，腿节及前、中足胫节有黄色纹。

习性 **活动：** 成虫常在下雨前低飞，以捕捉空中的蚊子等害虫。白天很活跃，尤其在接近黄昏时，常成群结伴在空中飞翔，傍晚常停歇在植物上。**食物：** 成虫常在飞行时捕捉蚊、蝇等小型昆虫，若虫以水中的孑孓生物及水生昆虫的幼龄虫体为食。**栖境：** 生活环境范围非常广泛，中低海拔地区，亚热带、温带等各种气候环境均可生活，但一般生活在植被茂盛的地方。**繁殖：** 雌雄成虫交配后，雌虫将卵产于水草茎叶上，孵化后于水中生活；幼虫经过数次蜕皮，越长越大，最后在水边合适的植物上攀援羽化。

● 双翅透明轻盈，每片翅膀前端上方有一块深色的角质加厚部分叫做翅痣，黄色、褐色或红褐色，小而重要，可以让它在快速飞行时稳定翅膀使其不因剧烈震动而断裂

别名： 小黄、马冷、黄衣 | **分布：** 欧洲，我国各地

| 吕宋蜻蜓 ▶ | 蜻蜓科，灰蜻属 | *Orthetrum luzonicum* Brauer | Marsh skimmer |

吕宋蜻蜓

观察季节：春、夏、秋季，3~10月较常见

观察环境：田沟、乡下排水沟

　　吕宋蜻蜓雌雄成虫的颜色不同，雄虫为天蓝色，雌虫为黄褐色；雌雄的腹部细长，但末端颜色不同：雄性腹部末端两节为蓝黑色，雌性的却是黑色。它是人类的好朋友，成虫在飞行中捕食各类飞虫，尤其是一些害虫，起到保护庄稼的作用，为我国农业做出了巨大的贡献。

形态 吕宋蜻蜓的成虫体长45~49毫米。雄虫复眼为蓝绿色，胸部灰蓝色，腹部末端2节为蓝灰色或蓝黑色；翅膀透明，翅痣黄色，翅基透明。雌虫胸部及腹部为黄褐色，翅基透明，腹部末端2节为黑色。未成熟的雄虫体型近似雌虫，合胸黄色，侧视具一条黑褐色斑，腹末端2节为蓝黑色。

习性 **活动**：飞行速度很快，动作敏捷灵活，差不多能避开所有敌害。**食物**：以蚊、蝇等对人类有害的昆虫为食。**栖境**：常生活在低海拔地区，栖息于水草茂盛的池塘、水塘、田沟、乡下排水沟等缓流的环境中。**繁殖**：雌雄交配后雌体立即产卵，或经数小时、数天后产卵，雌虫以连续点水的方式产卵；幼虫以鳃呼吸，常静息不动，当猎物靠近时方射出能缠卷的唇以捕捉猎物；刚羽化的成虫体软，生殖系统不成熟，色泽尚未完善，最初活动之一是飞离水域。

成虫交配姿势独特，雄体用腹部末端的抱握器握住雌体的头或前胸，通过动作引诱雌体将其腹部前弯，接触到雄体腹部基部的交尾器，交配时多降落地面，亦可在空中进行，交配时间数秒至数小时

| ▶ | 别名：吕宋灰蜻 | 分布：亚洲大部分国家 |

北美万圣节旗蜻蜓

观察季节： *春、夏、秋季，5~8月较常见*
观察环境： *池塘、沼泽、湖泊等有水生植物处*

北美万圣节旗蜻蜓长得非常漂亮，乍一看特别像一只美丽的蝴蝶：腹部与其他蜻蜓相比更短小，当它停在植物顶端休息时，给人感觉是翅膀可以完全将腹部覆盖住。

> 翅膀较宽大，橘黄色，上面带有巧克力色条带

形态 北美万圣节旗蜻蜓的成虫体长38~42毫米，身体为黄褐色，新生成虫身体的背面还带有一些黄色条纹。头部为暗红色，面部带有一些浅红色的小斑点。翅膀较一般的蜻蜓更为宽大，橘黄色，上面带有褐色横向条纹；翅的基部为黄色，每一个翅的前端带有一块浅红色的翅痣，与其他蜻蜓相比腹部短小。

习性 **活动：** 成虫常在池塘或河边飞行，飞行迅速、灵活，可在暴风雨等恶劣天气中飞行，差不多能避开所有敌害。**食物：** 捕食性，且食性较广，成虫在飞行中捕食飞虫，也可食蚊及其他对人有害的昆虫。**栖境：** 成虫常生活在池塘、沼泽、湖泊等有水生植物的地方。**繁殖：** 待交配的雄虫常在水生植物上等待雌虫到来，交配一般发生在上午8点~11点，交配后雌性在还未与雄性未分开时就在开阔的水面上产卵，这种方式被称为外生产卵，产卵一般发生在早上；经一段时间，卵发育为幼虫；幼虫的生长、发育都在水中，以水中浮蜉生物及水生昆虫的幼龄虫体为食，经数次蜕皮越长越大，最后在水边合适的植物上攀援羽化。

眼睛棕色，光亮凸出

栖息在杂草茎的顶端时常竖着翅膀，像一面信号旗在招展，故得"万圣节旗"之名

混合蜓

观察季节：春、夏、秋季，7～9月较常见

观察环境：水边、草丛、芦苇等

混合蜓身材娇小，长着一双蓝色的大眼睛，美丽可人。

形态 混合蜓成虫体长60毫米，翅展80～90毫米。头顶为白色，其上有块蘑菇状黑斑。触须黑色，复眼为蓝色。背胸部为褐色，雄性侧胸为蓝绿色与褐色相间，翅痣淡褐色，腹部黑蓝相间，有的为蓝白相间；雌性的侧胸为绿黄与褐色相间，翅痣为绿黄色。六腿黑色，腿根略微泛红。

习性 **活动**：成虫常在池塘或河边飞行，迅速灵活，善于避开敌害。**食物**：捕食性，食性较广，成虫常在黄昏的河边、水库附近边飞行边捕食飞虫，也可食蚊及其他对人有害的昆虫。**栖境**：池塘、草丛、芦苇等低矮的水生植物上。**繁殖**：雌雄交配时间20～60分钟；交配后雄性不再在水边游弋而是远走高飞，雌性休息5～10分钟便在水边阴凉处的粗壮根茎植物上产卵，以卵越冬；次年春天卵孵化为幼虫，幼虫成长、发育非常迅速；成虫夏季羽化。

雄性在空中盘旋停留，等待、寻找配偶，发现雌性便与之交配，交配时降落在较隐蔽的枝叶下方

雌雄异色，雄性蓝黑色与褐色相间，雌性绿黄色与褐色相间，不论雄性还是雌性都为几种颜色混合相间，所以被人们称为"混合蜓"

彩河螅

观察季节：春、夏、秋季

观察环境：缓流的小溪和河流沿岸、挺水植物和浮水植物上

彩河螅有一双晶莹剔透的翅膀，颜色和身体颜色一致，看上去相得益彰。由于身体和翅膀的色彩绚丽，故得名。

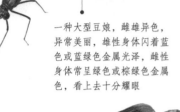

一种大型豆娘，雌雄异色，异常美丽，雄性身体闪着蓝色或蓝绿色金属光泽，雌性身体常呈绿色或棕绿色金属色，看上去十分耀眼

形态 彩河螅体型较大，成虫体长45～50毫米，雌雄异色。翅膀透明，翅展36毫米，常与身体颜色一致，也闪着金属光泽；雄性后翅外缘有一块蓝黑色斑点或横向条纹，雌性后翅尖上存在一块白色斑块。

习性 **活动**：雄性有领域性，一些个体较大的可以在岸边植物或河流漂浮物上活动；一些待交配的雌性常在运河或底部有淤泥的河流附近活动，展开美丽双翅，貌似在空中舞蹈，实为吸引雄性。**食物**：食肉性，以空中飞行的小型昆虫为食。**栖境**：淡水环境中，尤其是活水，如缓流的小溪、河流等。**繁殖**：一生经历卵、幼虫、成虫3个时期；雌雄交配后，雌性常将卵产在挺水植物或浮游植物上，产卵历时45分钟，每分钟产卵约10个；14天后卵孵化为幼虫；幼虫腿较长，常生活在污浊的水中，并在淤泥中越冬；幼虫期2年；当幼虫准备羽化时，常爬到合适的芦苇或植物上，经几次蜕皮后羽化为成虫。

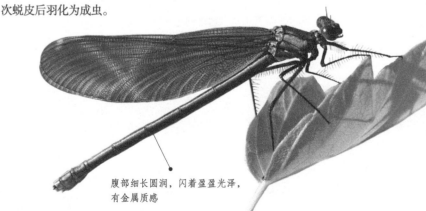

腹部细长圆润，闪着盈盈光泽，有金属质感

别名：不详 | 分布：从太平洋向东到贝加尔湖，我国西北部

彩河蟋

| 阔翅豆娘　▶ | 色螅科，色螅属 | *Calopteryx virgo* L. | Beautiful demoiselle |

阔翅豆娘

观察季节：春、夏、秋季，4～9月较常见

观察环境：靠近森林的水温较低、水流较缓的小溪或河流

阔翅豆娘无论雄雌，翅膀均从基部逐渐加宽，看不出明显的翅柄，故得名。

形态 阔翅豆娘体型较大，雄性身体呈蓝绿色或绿色金属色，雌性呈绿色。复眼颜色与体色相同，两眼常彼此相连或间距很小。翅膀从基部逐渐加宽，无明显的翅柄，雄性翅的颜色与体色相同，翅基有红色标记，或在其他区域有黑色条带；雌性的翅膀为褐色透明，在翅的尖端有白色斑块；腹尖为棕色。

成虫寿命40～50天

习性 **活动：**雄性成虫常在水生植物附近活动，阳光充足时常停落在水生植物上休息；雌性常在温度、阳光充沛的午后取食，交配、寻找产卵地，傍晚停息在水生植物上。**食物：**肉食性，捕食各种昆虫，如蚊、石蝇、蜉蝣及无脊椎动物。**栖境：**中等大小的河流或小溪附近，水体靠近森林且水流较快、水温较低。**繁殖：**一天可以交配数次，持续几周，直到死亡。雌雄交配后雌性将卵产在多种水生植物组织内，一次最多可产300粒卵；卵20～30天后孵化为幼虫，幼虫期6～9周，由水温而定；幼虫爬到合适的水生植物上经几次蜕皮后羽化为成虫。

色彩艳丽，雄性为蓝绿色或绿色，闪着金属般光泽，还长了一双蓝绿色的眼睛

雌性身体呈绿色泛金属光泽，翅膀晶莹剔透

| ▶ | 别名：不详 | 分布：欧洲大部分地区、北非、日本等 |

| 心斑绿蟌 ▶ | 细蟌科，绿蟌属 | *Enallagma cyathigerum* C. | Common blue damselfly |

心斑绿蟌

观察季节： 春、夏、秋季

观察环境： 小池塘、河流，尤其是湖泊和水库周围

心斑绿蟌体型娇小，相貌可人，在英国十分常见。它和天蓝细蟌长得十分相似，需要仔细辨认才能分开，但它的背部和胸部蓝色多于黑色，而天蓝细蟌正好相反。另外，它最显著的特征是胸部侧面只有一条黑色条纹，这是区别于其他蓝色豆娘的最重要依据。

[形态] 心斑绿蟌体型较小，成虫体长32～35毫米，雌雄异色。雄性身体蓝黑色相间，雌性为浅褐色与黑色相间。头部颜色较深，复眼颜色与身体颜色相同，但两眼相连或间距甚短。无论雌雄均腹部细长。翅膀黑色透明。

[习性] **活动：** 成虫飞行技术十分高明，能在芦苇丛中低空飞行，并能轻松地越过水面，飞出芦苇丛。**食物：** 肉食性，捕食各种昆虫，如蚊、石蝇、蜉蝣及无脊椎动物。**栖境：** 小池塘、河流附近，尤其是湖泊、水库等静水中。**繁殖：** 交尾时雌雄常停落在植物顶端，雄性扣住雌性颈部，雌性弯曲身体与雄性的繁殖器官接合，并且雌性常摆动着腹部，以暗示它们正在交尾。雌性把卵产在水面下合适的植物上；卵经过一段时间的生长、发育，孵化为幼虫；幼虫继续在水下生活一段时间，以小型水生动物为食；最后，当幼虫准备羽化时，它们常爬到合适的水生植物上，经几次蜕皮后羽化为成虫。

又叫蓝豆娘，据说是"最蓝的蜻蜓"，在英国和大多数欧洲国家很常见

腹部修长，翅膀纤薄透明，飞翔和停栖举止皆十分优雅

别名： 不详 | **分布：** 除冰岛外的欧洲大部分地区

长叶异痣蟌

观察季节：春、夏、秋季，6~9月较常见

观察环境：挺水植物生长茂盛的池塘、湖泊、水渠附近

　　长叶异痣蟌长相异常美丽，雌雄的两对翅膀看上去晶莹剔透，前翅的翅痣由黑色和蓝色共同构成，后翅的翅痣却是灰白色，故得名。

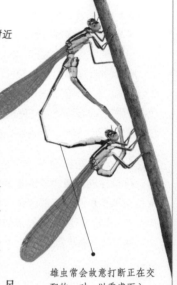

雄虫常会故意打断正在交配的一对，以乘虚而入

形态 长叶异痣蟌成虫体型小至中型，雌雄异色。雄虫头顶及额为黑色，下唇白色，复眼上部分为黑色，下部分为天蓝色，单眼后具有青蓝色圆斑。前胸黑色，并具1对蓝色条纹。翅透明，翅展18~22毫米，前翅翅痣由黑色和蓝色共同构成，后翅翅痣灰白色。腹部很长，22~25毫米，占据身体的大部分，分为8节，第2腹节具强烈的金属光泽，第3~7腹节背面为古铜色，第7和第9腹节下方为蓝色，第8腹节整体为蓝色。足由黑色和淡蓝色构成。雌虫全身淡绿色，腹端没有斑点。

习性 **活动**：常集群于岸边飞行或在植被上停歇。**食物**：成虫常在飞行中捕食小型飞行昆虫或停歇在植物叶片上的昆虫；幼虫捕食小型水生昆虫或一些水生动物的幼虫。**栖境**：华北、东北部分地区的挺水植物生长茂盛的池塘、湖泊、水渠附近。**繁殖**：交配后，雌虫常单独把卵产在近水面的植物组织内，集群产卵；雄虫具护卵及保护雌虫的行为。卵经一段时间后发育为幼虫，当幼虫准备羽化时常爬到合适的植物上，经几次蜕皮后羽化为成虫。刚羽化的成虫全身橙红色，随着逐渐成熟，由橙红色变为淡绿色。

雄性浑身蓝黑相间，闪闪发光，耀眼美丽

别名：不详　│　**分布**：我国华北及东北部分地区

石蛾

观察季节：春、夏、秋季

观察环境：小溪、河流、湖泊、池塘等地

石蛾长相并不美观，成虫通体是晦暗的浅褐色，前端还有一对极长的触角，翅膀上长满绒毛，感觉一碰那毛就会掉落下来，令人生厌。另外，它的幼虫对生活环境非常挑剔，常生活在湖泊和溪流中，偏爱较冷且无污染的水域，由于其生态适应性较弱，所以是显示水流污染程度的较好指示昆虫。

形态 石蛾成虫体型小到中型，身体呈晦暗的浅褐色。头部有口、触角和眼，口器适于舐吸液体食物，大颚不发达，有舌；触角分节，长度常大于翅展；眼相对较小。胸具步行足。翅两对，翅上被毛，如屋脊状折叠于腹部之上。

习性 **活动**：可以飞行，但飞行能力弱且不稳定，大部分夜间飞行，如其他蛾类一样易为光亮所吸引，偶尔成群日间飞行。**食物**：成虫以植物汁液和花蜜为食，少数种为掠食型；幼虫以藻类、植物或其他昆虫为食。**栖境**：成虫可生活在各种质量的水体中，幼虫常生活在干净的湖泊和溪流中。**繁殖**：雌雄交配后，雌体将卵产在水中或产于水面上或水面下的岩石或植物上，数日后孵化为幼虫。幼虫常生活于淡水中，常以沙粒、贝壳碎片或植物碎片筑成可拖带移动的巢壳。幼虫经过一个发育阶段后，将巢壳黏附于固体物质上，将其两端封闭，在其内部化蛹；另一些则另建一个茧。蛹发育成熟后，将巢壳或茧切穿或咬穿，游到水面完成变态，变为成虫。

一般只能活几天时间，羽化为成虫后会迫不及待地寻找配偶

外形很像蛾类，但并不属于蛾类，它的翅面具毛，与蛾类的翅膀大不相同

别名：石蚕 | **分布**：世界大部分地区

光亮扁角水虻

观察季节：春、夏、秋季，4～8月较常见
观察环境：猪栏鸡舍，垃圾场、厕所、绿色灌木丛

　　光亮扁角水虻成虫身体为黑色，闪着蓝紫色光泽，头部又黑又亮，带有浅黄色的斑，据此人们称它为"亮斑扁角水虻"和"黑水虻"。

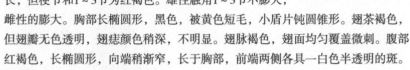

触角宽、扁且长

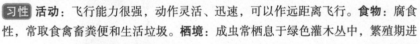

形态 光亮扁角水虻成虫体长13.5～17.8毫米，体黑色并具蓝紫色光泽。头部亮黑色，带有浅黄色斑且被有白色直立短毛。复眼宽，分离，黑褐色，单眼黄褐色到红褐色。触角黑色，宽、扁且长，但梗节和1～3节为红褐色。雄性触角1～3节不膨大，雌性的膨大。胸部长椭圆形，黑色，被黄色短毛，小盾片钝圆锥形。翅茶褐色，但翅瓣无色透明，翅痣颜色稍深，不明显。翅脉褐色，翅面均匀覆盖微刺。腹部红褐色，长椭圆形，向端稍渐窄，长于胸部，前端两侧各具一白色半透明的斑。足的胫节白色，其余部位为黑色。

习性 **活动：**飞行能力很强，动作灵活、迅速，可以作远距离飞行。**食物：**腐食性，常取食禽畜粪便和生活垃圾。**栖境：**成虫常栖息于绿色灌木丛中，繁殖期进入农村的猪栏鸡舍，城市的垃圾桶、垃圾场、室外厕所及疏于管理的堆肥场等。**繁殖：**一生经历卵、幼虫、蛹、成虫四个阶段。雌雄交配后2～3天雌性产卵，产卵方式为聚产；经一段时间，卵孵化为幼虫；幼虫分为6龄，历时2周或更长时间；6龄后进入预蛹期，从乳白色变为深褐色，在干燥阴凉、隐蔽的场所化蛹，以老熟幼虫越冬；蛹期变化大，1周至3个月不等；成虫从蛹前部1/3处背面的T形缝隙钻出羽化，羽化后即能交尾，生存6～9天。

▶ **别名：**黑水虻 | **分布：**世界各地，我国北京、内蒙古、河南、安徽、浙江等

黄边龙虱

成虫寿命约2年

观察季节：春、夏、秋季
观察环境：水生植物上

黄边龙虱身体背面黑色，腹面大部分为黄色，翅鞘和腿部也为黄色，故得名。

腹部的腹面为黄色，
其上带有黑色细纹

形态 黄边龙虱体型巨大，尤其是幼虫，体长可达60毫米，成虫体长也可达到27~35毫米。身体呈扁椭圆形，背面黑色或棕色。头部黑色，呈梯形，眼较小，两眼间距甚宽。翅鞘为黄色，雄性成虫的翅鞘常闪着光泽，而雌性的翅鞘不闪光，其上存在一些细槽。腿部为黄色。

习性 **活动**：善于飞行，夜间飞行时用月光反射来定位水源；也可以潜水，潜水前在翅鞘中收集一些气泡，这些气泡可以通过气门，以利于呼吸。**食物**：肉食性，取食范围很广，如小鱼等水生动物。**栖境**：生活在淡水中，偏爱静水或水流较缓的湖泊、河流、小溪等，尤其是具有水生植物的水体中。**繁殖**：1年发生2代，以成虫于鱼塘等静水环境中越冬，翌年3月中下旬成虫相继从越冬地飞迁至附近水稻秧田开始取食、交尾和产卵，4~5月为产卵盛期，5月中下旬幼虫发育成熟后爬上田埂在水边作蛹室化蛹，至6月中下旬第1代成虫羽化，经30天左右即交尾产卵，每雌产卵量约1000~1300粒。

兼具美食和药用功能，在我国广西、广东及港澳和东南亚地区，成虫和幼虫均被视为美味可口、风味独特的食用昆虫

捕食时用一对强大的上颚钳住猎物，从上颚中空的管道注入消化液先行肠外消化，再将初步消化的液态食物吸入消化道内

| 田鳖 ▶ | 负子蝽科，田鳖属 | *Lethocerus indicus* L.&S. | Giant water bug |

田鳖

观察季节：一年四季

观察环境：池沼、稻田、鱼塘、草丛

　　田鳖生性凶猛，是最恐怖的淡水动物，它常以水中的小鱼、小虫等为食，也捕捉比自己身体更大的鱼，人称"水中霸王"。由于它曾咬伤过人的脚趾，也有人戏称它为"咬脚趾的动物"。它的雌虫有将卵负在背上的习性，故又被人们称为"负子蝽"。

尾巴尖端有较长而细的吸管，用以露出水面进行呼吸

形态　田鳖身体扁阔，成虫体长6.5~8厘米，呈椭圆形，身体灰褐色。头部较小，呈三角形，身体前端有一对触角，触角较小。喙短而强。前胸大。前翅较发达，为革质，呈镰刀状；后翅膜质，淡黄色。腿部粗大。前足强壮，跗节短，有一钩爪，中后肢胫节及跗节具长毛，足端有2个长爪。

习性　**活动：**从夏季到秋季都生活在水中，游泳时背向下作仰游，有时也会到陆地上过冬，常藏身在水边草丛之中，有明显的趋光性，傍晚时会飞出水面，向明亮处靠近。**食物：**以肉食为主，常捕食小鱼、小虫、虾、蛙类、蝌蚪等，捕食时往往抓住水草，发现猎物后悄悄接近，然后进行捕捉，并用镰刀一般的前肢压住猎物，吸其体液，一般不吃猎物的肉。**栖境：**常栖息在池沼、稻田、鱼塘中，习惯于生活在水质变化小的山脚底洼、坑、沟、湖、塘中。**繁殖：**产卵和活动旺盛期为每年3~10月，雌雄成虫在繁殖期间交尾后将卵产在雄性背上；雄性浮在水面上，在孵化前8~18天里不进食(孵化需要15~20天)，然后孵化为幼虫；幼虫经一段时间发育为成虫，成虫通常在3月开始交配。

经常静静地潜伏在水底，将不同伪装物附在身上，等猎物靠近，当猎物进入"射程"，便发起攻击，咬住猎物并向其体内注射可怕的消化唾液，而后吸食被融化的猎物尸体

| ▶ 别名：水鳖虫、河伯虫 | 分布：南亚、东南亚、我国东南部 |

水黾蝽

观察季节： 春、夏、秋季
观察环境： 湖泊、池塘等静水水面以及溪流
等流动的水面

　　水黾蝽水上功夫十分了得，常被誉为昆虫界的
"水上漂"。它得此殊荣，全靠细长的前后足——
它有三对足，前足短粗，主要用来捕食；中后足细
长，中足主要通过划行或跳跃方式在水面上游动，
后足则起到船舵的作用，控制着划行的方向。

身体黑色或灰黑色，
并不十分好看

形态 水黾蝽成虫身体细长，体长8~10毫米，宽约2毫
米。头部黑色，基部有1弧形黄褐斑。触角长4毫米，分为4节，第1节最长，黄褐
色，第4节次之，第3节端部和第4节黑褐色。头胸部被短的金黄色绒毛，前胸背板
黑色，很长，具背中脊，脊前端黄褐色，后端灰白，在离基部2/3处各有一角突。
前翅灰黑色，翅脉黑色，密布金黄色绒毛。腹部背板侧缘黄褐色，其余褐色。足3
对，各胫节端部及跗节色深，前足短粗，中后足股节极长，跗节两节。

习性 **活动：** 常在水面划行或跳跃，在水面上划行主要依靠中足和后足。**食物：** 以
掉落在水上的其他昆虫、虫尸或其他
动物的碎片等为食。**栖境：** 终生生
活于水面上，如湖泊、池塘等静
水水面以及溪流等水流较缓的
水面。**繁殖：** 交配和产卵常
发生在4~5月，卵产在浮于
水面的叶片下方或其他物体
上，以胶质黏附或覆以胶
质，亦有潜入水下产卵者；
12~14天后，卵孵化为幼
虫；幼虫分为5龄，大体形状
与成虫相似，经不完全变态发
育为成虫需24~30天。

借助体下拒水性毛和伸开肢体等适应性性
状，使其不致下沉或被水沾湿

| 淡水水蚤 ▶ | 溞科，蚤属 | *Daphnia magna* Straus | Freshwater daphnia |

淡水水蚤

最迷人之处是娇小的身体上长了一对大大的复眼，看上去非常"有神"，时常地转动

观察季节：北半球的春、夏、秋季

观察环境：池塘、湖泊等淡水环境中，水生植物丰富的水体

淡水水蚤借触角上的刚毛拨动水流向上、向前游动时，触角一上举，身体就好像要下沉，好似在水中跳跃，如跳蚤一般，故被称为"淡水水蚤"。

形态 淡水水蚤成虫体型较小，长仅1～5毫米。身体呈卵圆形，左右侧扁，肉红色。体外具有2片壳瓣，背面相连处有脊棱，后端延伸而成长的尖刺。头部伸出壳外，吻明显，较尖。复眼大而明显，在复眼与第1触角之间有单眼。吻下的第1触角短小，第2触角发达，其上有八九根游泳刚毛。腹部背侧有腹突3～4个，前1个特别发达，伸向前方，后腹部细长。胸肢5对。尾叉呈爪状。

习性 **活动**：既可以在水面跳跃，也可以潜入水中，运动动力来自于它第二节触角摆动产生的动力。**食物**：常以水体中的悬浮颗粒物为食，如海藻、细菌、腐殖质等。**栖境**：常生活在北半球，尤其是泛北极地区靠海的淡水或微盐的水体中，如湖泊、池塘等，尤其是水生植物丰富的水体中。**繁殖**：春夏季，一般仅能见到雌体，单性生殖，所产的卵称"夏卵"，较小，卵壳薄，卵黄少，不需受精，可直接发育为成虫，这些成虫多是雌虫，再进行孤雌生殖；秋季，由夏卵孵化出一部分体小的雄虫，开始进行两性生殖，所产的卵称"冬卵"，冬卵较夏卵大，卵壳较厚，卵黄多，可度过严寒或干燥环境，于次年春季气温较高时发育为新的雌体。

身体较小，但十分灵活

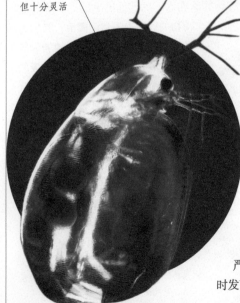

| ▶ | 别名：溞、溞科、鱼虫 | 分布：所有北半球国家、南非，我国各地 |

陆地昆虫

226~244页

神圣粪金龟

观察季节： 春、夏、秋季

观察环境： 沿海的沙滩或是沼泽

民间俗语有，
"屎壳郎推车——滚蛋"

　　神圣粪金龟是生长在地中海盆地的粪金龟的一种，被视为早晨的太阳神凯布利的圣物。另外人们发现，年幼的粪金龟可以直接从粪球中孵化而出，所以误认为它可以不经雄性的受精而独自产子，所以又把它比作阿图姆神。

头部边缘像个扁平、带有锯齿的铁锹

形态 神圣粪金龟的成虫较为宽大，身体椭圆形，黑褐色。头略小，头部前端有6个突起，像射线一样，唇基半圆形。胸部较宽，呈椭圆形，其上生有前足；前足的每一个胫节上都有多于4个的突起，看上去并不规则，末端没有明显的跗骨；足上有爪；中足和后足上都有5节跗骨。

习性 **活动**：粪金龟可在适宜的位置将粪便收集起来，并滚成一个球，所以他有"自然界清道夫"的美誉，然后用前足在地下挖掘出一个又大又深的洞，将粪球埋在这个地下土室内，并以之为食。**食物**：以动物粪便为食。**栖境**：神圣粪金龟常生活在沿海地带，如沙滩和沿海的沼泽等。**繁殖**：当粪金龟准备产卵时，它会挑选色泽较好的粪进行收集，制造成粪球，然后埋在地下，它将粪球较窄的地方塑造成一个梨形的空腔，然后在空腔内产卵一个，卵非常大，然后它将空腔封死后离开，继续进行着这项工作，经一段时间后，在粪球内即会孵化出幼虫，幼虫便开始以粪球为食，直至长为成虫。

前足也如同一把锯子，有锯齿状的边缘

粪金龟中体型最大的，身体呈圆形，甲壳很光滑，闪耀着黑色光泽

▶ **别名：** 屎壳郎 | **分布：** 地中海盆地、北非、欧洲、亚洲

红蚁

观察季节：春、夏、秋季

观察环境：松柏科植物、阔叶林、林场等较为
开阔的场地

红蚁之所以得名，是因为胸部为红色。它喜
欢在树林中生活，但并不像木蚁一样喜欢为害树
木。它会在林间空地上用一些枯萎的草、树枝来筑
巢，别看个头小，"家"可大着呢——呈圆顶状的房
子，就像一个"蒙古包"，其勤劳令人敬佩。

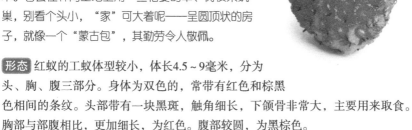

形态 红蚁的工蚁体型较小，体长4.5～9毫米，分为
头、胸、腹三部分。身体为双色的，常带有红色和棕黑
色相间的条纹。头部带有一块黑斑，触角细长，下颌骨非常大，主要用来取食。
胸部与部腹相比，更加细长，为红色。腹部较圆，为黑棕色。

习性 **活动**：分为工蚁和觅食蚁，工蚁负责照看巢中的茧，对茧所散发的激素十分
敏感；觅食蚁负责觅食。**食物**：常以麦蚜蜜露为食，也捕食一些昆虫和蛛形纲动
物。**栖境**：会将巢建在阳光可以直射的森林的空地上，巢非常大，呈明显的圆顶
状，就像一堆草、细枝和针叶一样。**繁殖**：通常在飞行中或飞行后交尾，交尾后不
久雄性即死亡留下蚁后独自生活；蚁后脱掉翅膀，在地下选择适宜的土质和场所筑
巢，待体内的卵发育成熟产出后，小幼虫孵化出世。每个幼蚁的食物都由蚁后嘴对
嘴地喂给，直到这些幼蚁长大发育为成蚁，并可独立生活。

体型小小的，没有什么杀伤力，
身体前面有一对长长的触角，头
上长了块黑斑

觅食效率极低，捕食路线可长达100
多米，一些较大的工蚁会去离巢更远
的地方觅食，常被称为"贪婪的拾荒
者"，但它们在食物资源丰富时，只
会选择离巢最近的树林进行觅食，只
有当食物不充足时，才远距离捕食

腹部可以喷射甲酸，对敌人造成伤害

别名：红蚂蚁　|　**分布**：欧洲、安纳托利亚、北美及我国台湾等

227

热带切叶蚁

观察季节：热带一年四季，其他地区春、夏、秋季
观察环境：树林、公园的植物叶片上

　　热带切叶蚁十分有趣，种群中有多种形态，每一种都有自身职责:中型蚁多为收集蚁，切开叶子并搬运叶子碎片回巢穴；迷你蚁则会趴在被切落的叶子上，等待中型蚁把叶子搬回巢，迷你蚁在"搭便车"中检查叶子是否被污染，在叶子上加上一定抗生素防止被霉菌污染，当然也会忍不住吸上几口树汁当食物。

每分钟能行走180米，相当于人背着220千克物品以每分钟12千米的速度飞奔

形态 热带切叶蚁体型多种，有迷你蚁、小型蚁、中型蚁和大型蚁，它们浑身呈黄褐色，少数个体黑色。大型蚁体长约16毫米，身体前端有一对触角，触角较短，分为11节；迷你蚁的头部宽小于1毫米，眼较大；小型蚁头部宽1.8～2.2毫米；大型蚁头宽7毫米。胸部有四对脊状隆起，外骨骼比较粗糙。腹部较大，呈椭圆形。

习性 **活动**：迷你蚁负责照顾卵、幼并照顾菌圃，小型蚁负责防御敌人的攻击并收集食物，中型蚁常将切开的叶子搬运回巢穴，大型蚁常清理搬运食物的道路，挪开挡路的石头，搬走压到巢穴上的垃圾等。**食物**：成虫以新鲜的植物叶片和切碎的叶片汁液为食，幼虫以真菌菌圃为食。**栖境**：生境范围非常广泛，可以生活在森林、农业种植区和一些庭院中，常在沙土或岩石下发现它们的踪迹。**繁殖**：一生经历三个阶段：卵、幼虫、成虫。雄蚁和雌蚁婚飞后，每只雌蚁可以和多只雄蚁结合，并常有工蚁在地上筑巢，然后雌蚁在巢中建立菌圃并产卵。产卵后，卵由迷你蚁照料，经一段时间后发育为幼虫，此时迷你蚁以菌圃来喂食幼虫直至其发育为成虫。

● 切下树叶是为了搬回家发酵种蘑菇，然后吃蘑菇

● 双颚强大有如钳子，能把树叶切下来，也能轻松切掉皮革

别名：不详 **分布**：从美国中部至墨西哥南部再到巴拿马运河

黄猄蚁

观察季节： 春、夏、秋季
观察环境： 森林、公园的树上

　　黄猄蚁体型较小，体态轻盈，工蚁、雄蚁、雌蚁体色不同，形态也略有差别，广泛分布于我国南方。它饲养起来看点颇多，已成为我国宠物蚂蚁界的后起之秀，不少宠蚁玩家将它作为观赏宠物。

擅长捕食各种昆虫，常在农业生产上被用于生物防治

形态 黄猄蚁大型工蚁体长9～11毫米，身体呈锈红色，有时为橙红色，体具弱的光泽，全身被十分细微的柔毛。小型工蚁7～8毫米，与大型工蚁相似，但上颚不如大型工蚁那样强大，唇基和前胸背板侧面更凸。雄蚁6～7毫米，棕黑色，身上被茂盛的红褐色柔毛，头部较小，上颚窄，咀嚼边齿不明显，触角13节。雌蚁15～18毫米，上颚较宽，头有3个突出的单眼，触角柄节短、粗；中胸盾片和小盾片扁平；后腹较大，宽卵形，在后腹末端有少量的立毛；足较短、粗；其余似工蚁。

习性 **活动：** 工蚁有大小两种，职责是不停地觅食、战斗、保卫家园、照顾蚁后产下的新成员。**食物：** 杂食性，以肉食为主，生性凶猛，猎食大绿蟒、吉丁虫、天牛等吃食树叶的昆虫。**栖境：** 常在树冠向阳处营巢，选好营巢地点后就把身体伸展在树枝或叶片上，然后收缩身体拉紧枝叶，若间距太远，它们就各自上下连接，形成活的"蚁桥"，把相邻的枝叶拉近，然后另一些黄猄蚁口含自己群体的老熟幼虫，迫使其在叶缝或枝条间吐丝，从而缀合、粘牢而成为蚁巢。**繁殖：** 雌雄蚁交尾后不久雄性即离巢死亡，留下蚁后独自生活，蚁后待体内的卵发育成熟产出后，幼蚁的照料及食物供应都由工蚁来完成，直到这些幼蚁长大发育为成蚁，并可独立生活；雌雄蚁专司繁育后代。

树栖蚁种，会利用幼虫吐丝卷起鲜活树叶筑成"蚁包"栖息

黄琼蚁

家白蚁

观察季节： 春、夏、秋季

观察环境： 公园、森林等植被茂盛处

家白蚁的身体除头部为浅黄色外，大部分为乳白色，故得名。它在我国台湾地区较为盛行，又名"台湾乳白蚁"。

形态 家白蚁兵蚁体长5.5～6毫米，身体呈卵圆形；头及触角浅黄色，头部椭圆形，上颚镰刀形，前部弯向中线；触角14～16节；胸部乳白色，前胸背扳平坦，较头狭窄，前缘及后缘中央有缺刻；腹部较长，略宽于头，为乳白色。有翅成虫体长7.8～8毫米；复眼近于圆形，单眼椭圆形，触角20节；头背面深黄色，胸腹部背面黄褐色，腹部腹面黄色；前胸背板前宽后狭，前后缘向内凹；翅长11～12毫米，淡黄色，前翅鳞大于后翅鳞，翅面密布细小短毛。

习性 **活动：** 体型较小，活动起来迅速、敏捷，常喜欢群集活动，聚集在树木内为害。**食物：** 食性很广，主要以植物性纤维素及其制品为主食，兼食真菌和木质素，偶尔也食淀粉、糖类和蛋白质等；偶见会蛀食人造纤维、塑料、电线、电缆甚至砖头、石块、金属等。**栖境：** 常在林木内，尤其是古树名木及行道树内筑巢。**繁殖：** 分为生殖类型和非生殖类型，生殖类型的主要机能是繁殖，有发育完全的生殖器官，在群体中主要起交配产卵的作用，包括原始蚁王、蚁后和补充繁殖蚁；非生殖类型包括兵蚁和工蚁，兵蚁的主要职能是保卫蚁巢，工蚁在巢群内主要起取食、筑巢、开路、照料幼蚁等各项维持巢群的作用。

并非善类，是一种危害房屋建筑、桥梁和四周绿化树木最严重的一种土、木两栖白蚁，尤喜在古树名木及行道树内筑巢，使之生长衰弱，甚至枯死

德国小蠊

观察季节：热带地区一年四季，亚热带及
温带地区春、夏、秋季

观察环境：宾馆、酒店的中西厨房，酒
吧，餐厅，包房等

　　德国小蠊是室内蟑螂中最小的一种，身体
棕黄色，看上去就不讨人喜欢。它的生命力极其
顽强，即使砍断了它的头，身体和头可以分别活上
好几天，最后只是死于饥饿，可谓"打不死的小强"。它常
出没于宾馆、酒店、厨房等有美食存在的地方，令人厌恶，也会在
户外草丛、落叶堆中出现，对生活环境并不是十分挑剔。

形态 德国小蠊体型较小，成虫体长在15毫米以下，棕黄色。触角很长，呈丝状。
在前胸背板上有两条平行的较为宽大的褐色或黑色纵纹。前，后翅发达，雄虫长
达尾端，雌性远超腹端。腹部第一背板不特化，第七、八背板特化；各足爪对
称，不特化。

习性 **活动**：常在夜间活动，但日间如果受到干扰或联群结队的情况下也会出现，
可以飞行，但飞行距离不远。**食物**：杂食性，喜食淀粉、糖类、润滑油、肉类等。
栖境：常出没于房舍、公共场所或大众运输工具上，喜欢有美味的地方，若家中厨
房的卫生不好，常可见到它的身影；它在户外落叶堆与草丛中也可生存，但在寒冷
地区较少出现。**繁殖**：繁殖力极强，经半个月左右其幼卵即可长为成虫。一年发生
4～5个世代。幼虫经5～7次蜕皮后成为成虫；若虫期30～56天。即使在没有雄性交
配的情况下，雌蟑螂也可以进行单性繁殖。

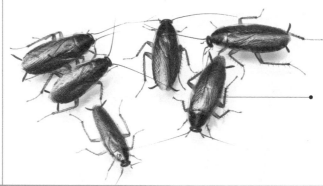

虽以德国为名,实际原产
于非洲,因国际贸易往
来,在商品流通中输入我
国,是世界性的居室害虫
之一,适应性强,繁殖
快,易对化学杀虫剂产生
耐药性,防治难度很大,
一旦发生就很难清除干净

▶ **别名**：德国小蠊、德国姬蠊 ｜ **分布**：全球热带、亚热带、温带中低海拔湿润地区

马达加斯加发声蟑螂

观察季节：热带的一年四季，亚热带及温带的春、夏、秋季

观察环境：阴凉处的朽木上

　　马达加斯加发声蟑螂是一种宠物蟑螂，寿命极长，被誉为"永恒的存在"。销售者常推荐情侣们认养发声蟑螂，纽约布朗克斯动物园便曾为情侣们提供了一个为蟑螂命名的机会，让自己心爱的人的名字与蟑螂永存。螨类可以寄生在它的腹下或基部，以获取寄主所捕获的食物或以它身体表面的小颗粒为食，但并不伤害所寄生的发声蟑螂，而是共生。

[形态]　马达加斯加发声蟑螂成虫体长5～8厘米，是世界上体形最大的蟑螂种类，身体整体呈棕黑色或浅棕色并带有浅色条纹。头部为黑色，雄性的触角浓厚，且多毛；胸部及腹部背面均为黑棕色或浅棕色，其上带有浅色的条纹；沿身体外缘有一圈黑色小斑点；成体雄性有着凸起的胸背甲；雌雄均无翅。

一雄一雌，2个月才能繁殖一窝，一窝大概30~50个

[习性]　**活动**：常在朽木里面活动，无翅，不能飞行，可以攀爬光滑物体。雄性身体腹部的第四节存在气孔，当气流疾速地流过气孔时便会发出声音，雄性在寻找配偶和与"情敌"打斗时会鸣叫。**食物**：新鲜的植物制品、蛋白质含量高的小型食物，如干燥的狗粮等。**栖境**：最初生活在非洲马达加斯加热带雨林，后侵入其他国家，在我国南方地区分布较多；由于它极善攀爬，生活的地方一定要有可以使它攀爬的光滑物体。**繁殖**：卵胎生。雌雄交配后，雌性将卵鞘产在自己的体内，卵的发育、成熟也在雌性的身体内，直到体内装满了幼虫后，才会将幼虫释放到体外；幼虫在体外取食、发育成熟，直至长为成虫；成虫的寿命一般可达5年。

成熟的宠物虫子，对食物挑剔，擅长攀爬光滑的墙壁、玻璃等

▶　**别名**：非洲发声蠊、马岛发声蟑螂　|　**分布**：马达加斯加岛、北美及我国南方等

美洲蟑螂

观察季节：热带的一年四季，亚热带及温带的春、夏、秋季

观察环境：人类居住区

　　美洲蟑螂是蟑螂族群里最大也最常见的种类，此物种的发现在美国南方，所以命名和美洲有关，但有人相信它起源于非洲。它也被认为是跑得最快的昆虫之一，具迅速移动的能力，通常一有人靠近，它便猛冲乱窜，可以穿梭自如地钻入小裂缝中去，一瞬间消失得无影无踪。

形态 美洲蟑螂的成虫体长约4厘米，全身红褐色，身体分为头、胸、腹三个部分。触角极长，并且分节，前端逐渐变尖。头部扁平，椭圆形，并在头部和身体之间隔着一条略黄色的边缘，盾状的前胸背板可以覆盖到头部。前翅极长，后翅十分漂亮。幼虫无翅，其余和成虫相似。

习性 **活动**：常会入侵人类住处寻求庇护和寻找食物，具迅速移动的能力，爬行速度可达每小时5.4千米，被认为是跑得最快的昆虫种类之一。**食物**：杂食性，以各种植物性和动物性食物为食。**栖境**：常生活在潮湿或接近水的干燥地区，生活温度约29℃，无法忍受冰冷低温的环境；在人类居住区，它常窝在地下室和下水道之类的阴暗地方，当天气温暖时有时会跑到庭院等户外来活动。**繁殖**：雌蟑螂繁殖出卵鞘，并将之附于腹部后端，一端突出体外持续约两天后脱离母体，之后卵鞘通常被放置在隐藏的地方，卵鞘约0.9厘米长，呈棕色囊状；6～8个星期后未发育成熟的小蟑螂会从卵鞘里冒出，6～12个月长为成虫；成虫寿命一年多。每只雌蟑螂一年平均可产150只小蟑螂。

体型庞大的有翅蟑螂，是蟑螂族群中最大、最常见的种类，无法适应户外的寒冷天气，会入侵人类的住处寻求温暖庇护和寻找食物，常被视为害虫，因易捕捉，也常被当作宠物饲养

爬行速度可达每小时5.4千米，约每秒跑50倍身长，相当于人类每小时跑330千米

中华虎甲

观察季节：春、夏、秋季

观察环境：山涧、草丛、树丛等

中华虎甲成虫色彩斑斓，各部位闪着强烈的金属光泽，看上去极其美丽动人。它是个运动健将，爬行速度相当快，在昆虫界可谓首屈一指，只要一眨眼的功夫就会消失得无影无踪。

成虫飞翔力强，常在山间小路上的行人面前迎飞，又得名"拦路虎"

形态 中华虎甲成虫体长17.5~22毫米，宽7~9毫米，身体色彩斑斓，各部位具有强烈的金属光泽。复眼大而外突。触角黑色，细长呈丝状。头及前胸背板前缘为绿色，背板中部为金红或金绿色。鞘翅底色为深绿色，翅鞘盘区存在3个黄斑，其基部、端部和侧缘呈翠绿色，翅前缘具横宽带。腹部底色为红色，其上具六块左右平行的深蓝色斑块。足细长，分节，为翠绿或蓝绿色，但前、中足的腿节中部呈红色。

习性 **活动**：称得上是世界上爬行最快的昆虫之一，与蟑螂的爬行速度不相上下。成虫飞翔力强，多数时间在地面上度过。白天四处追赶小昆虫，然后用长而有力的颚将它们抓住作为美食，也经常在山涧小路上的行人面前迎飞，故得名"拦路虎"。 **食物**：成虫及幼虫均为肉食性，以捕食各种活虫及其他小型动物为生。**栖境**：常生活在山涧、树丛及草丛中；幼虫生活于成虫挖掘的垂直形土穴中，活动时若受惊则退入洞内。**繁殖**：热带地区1年1代，在寒冷地区可延长至2~3年1代。雌雄交配后产卵，卵通常为散产于地面的洞穴；一般以幼虫越冬，老熟幼虫在土穴内化蛹，化蛹前先将穴口封闭造成蛹室，最后蛹羽化为成虫。

一员小个子猛将，速度、凶猛度、咬合力都很强

▶ **别名**：拦路虎 | **分布**：我国陕西、甘肃、河北、山东、江浙、江西、福建、四川、广东

金斑虎甲

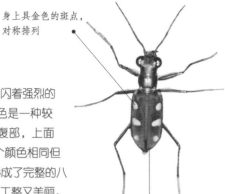

身上具金色的斑点，对称排列

观察季节：春、夏、秋季

观察环境：山洞、草丛、树丛等

金斑虎甲成虫浑身色彩斑斓，各部位闪着强烈的金属光泽，极其美丽动人。它的翅鞘颜色是一种较深的蓝绿色，非常长，可以覆盖在整个腹部，上面有六个大的黄色或蓝色斑，肩上也有两个颜色相同但形状较小的斑；当翅鞘覆在腹部时，就形成了完整的八块斑，左右各四块，纵向垂直，看上去既工整又美丽。

鞘翅长，盖于整个腹部

形态 金斑虎甲成虫体狭长，中等大小，体长16～18毫米，身体色彩斑斓，常具金属光泽。头和前胸背板均为深蓝绿色，头部较大，复眼突出，唇基较触角基部宽；触角黑色长丝状，11节。翅鞘深蓝绿色，非常长，盖于整个腹部，其上具六个大的黄色或蓝色斑，肩部也具有两个颜色相同但较小的斑。腹部分节，雌虫可见6节，雄虫7节，雌雄腹部均被毛，第5腹节背面有1个具有双钩的突起。足爪长而锐。

习性 **活动**：爬行速度与蟑螂不相上下，称得上是世界上爬行最快的昆虫之一；成虫飞翔力强，多数时间在地面上度过。**食物**：成虫及幼虫均为肉食性，以捕食各种活虫及其他小型动物为生。**栖境**：成虫常生活在山洞、树丛及草丛中，幼虫生活于成虫挖掘的垂直形的土穴中，活动时若受惊则退入洞内。**繁殖**：热带地区1年1代，寒冷地区可延长至2～3年1代。雌雄交配后，雌性常将卵产在地面上的小坑中，每个洞中1个卵，卵在洞中孵化为幼虫；幼虫在洞中的深浅因土质的坚硬程度而不同，幼虫体呈"S"形，头胸大，强烈骨化，上颚强大；常以幼虫越冬，老熟幼虫在土穴内化蛹，最后羽化为成虫。

人工饲养时爱吃蟋蟀

足爪长且锐利、有力，适于掘土，也会因受到强大外力而折断

别名：八色虎甲 | **分布**：印度、缅甸、尼泊尔及我国江苏、浙江等南方

| 金步甲 ▶ | 步行虫科，步甲属 | *Carabus auratus* L. | Golden ground beetle |

金步甲

观察季节：春、夏、秋季，4～9月较常见
观察环境：山间、林间、灌木丛、田间

　　金步甲头部比较小，前胸背板金属绿色，当它的翅鞘收拢在腹部时，看上去就是一个椭圆的、绿色发光的小物件，特别讨人喜欢。它是消灭毛毛虫的能手，从而保护菜园、花圃等，因此被称赞为"园丁"。

形态 金步甲体型中等大小，成虫体长25～33毫米，宽9～12.5毫米，身体呈椭圆形，色泽幽暗，多为黑色、褐色，常带金属光泽，少数颜色鲜艳，有黄色花斑，体表光洁或被疏毛，有不同形状的微细刻纹。触角和颚部均为橘黄色，触角较长。头、前胸背板及翅鞘均为金属绿色。翅鞘非常大，可以覆盖在整个腹部，颜色为绿色，闪着金属般的光芒，翅鞘上带有三条较宽的纵向条沟。足细长，分节，为橘黄色。

习性 **活动**：常在夜间爬行，不善攀缘。**食物**：常捕食各种昆虫，如蜗牛、毛毛虫等，捕捉猎物时常用上颚抓住猎物，向其注射消化性的分泌物以消化猎物。**栖境**：可生活在田间、灌木丛、树缝中，尤其喜欢生活在肥沃的土壤中。**繁殖**：1年发生1～2代，以成虫在地下土壤26～30厘米处越冬，夏季羽化的成虫经15天左右即可交配产卵；夜间产卵，散产在4.5～8厘米深的土层中，单雌产卵量与食量呈正相关，一般为100～200粒，卵期3～5天；幼虫3龄，有假死性，受到惊扰时头尾上翘，以上颚和尾针突御敌，同时可分泌一种臭味物质；幼虫老熟后，在土内筑一土室，在内化蛹。

鞘翅是金色的，
故得名金步甲

会吃掉自己的雄性同伴，又喜欢吃很多害虫，真不愧是消灭毛毛虫的能手

不善攀援，
只在地面捕食

| ▶ | **别名**：园丁 **分布**：欧洲中西部，我国黑龙江、辽宁、甘肃、河北、山西、河南、山东 |

广肩步甲

观察季节：春、夏、秋季

观察环境：树林、公园

　　广肩步甲的成虫能在树上捕食毛虫，捕食时能分泌一种酸性的液体以杀死毛虫，所以又被称为"毛虫步甲"。

触角相对较短，
不及体长的一半

形态 广肩步甲体型中等，成虫体长约35毫米，色泽幽暗，多为黑色、褐色，常带金属光泽，颜色艳丽，身体上常带有有紫蓝色、金色或绿色斑点。头部较小，触角分节。前胸背板椭圆形。翅鞘为绿色或紫罗兰色，闪着金属般的光泽，边缘为红色。足黑色，较长，且较为粗壮。

习性 **活动**：成虫不善飞翔，地栖性，多在地表活动，行动敏捷；白天一般隐藏在木下、落叶层、树皮下、苔藓下或洞穴中，有趋光性和假死现象。**食物**：成虫、幼虫多以蚯蚓、钉螺、蜘蛛等小昆虫和软体动物为食，成虫最喜食毛虫，幼虫腹部具有发光器，可像萤火虫那样发光，照亮周围，再靠着皮下的感觉神经察觉猎物的所在，伺机捕获猎物。**栖境**：喜潮湿土壤或靠近水源的地方，在土中挖掘隧道。**繁殖**：成虫雌雄交配后雌性常将卵产在土壤中，每次产卵一个，经一段时间后发育为幼虫；幼虫多为黑色，常具有金属光泽，体细长而脚短，幼虫分为3龄；老熟幼虫在土室中化蛹。

捕食性昆虫，1年发生1代，以成虫在土壤中越冬，成虫4月下旬活动，5月下旬至6月上旬产卵，6月中旬幼虫孵化，7月中旬化蛹，8月上旬羽化成虫，10月中下旬入土越冬

捕食时能分泌一种酸性液体以杀死毛虫，这种液体会使人的皮肤起泡

| 黄粉甲 ▶ | 拟步甲科，粉甲属 | *Tenebrio molitor* L. | Mealworm beetle |

黄粉甲

观察季节： 一年四季

观察环境： 田间、丛林、公园等

翅鞘较大，为黑褐色，又厚又硬，具纵向的细沟条

　　黄粉甲的幼虫又称"黄粉虫""面包虫"，是一种软体的多汁昆虫，不仅含有多种蛋白质，还含有较高的饱和脂肪酸及各种磷、钾、铁、钠、锌、钙等多种元素和糖类等营养成分，被誉为"蛋白质饲料宝库"，可作为喂养动物的理想蛋白饲料和食用昆虫。

形态 黄粉甲体型较大，成虫体长1.3～1.8厘米；刚蜕皮出壳的成虫甲壳薄嫩，呈乳白色，以后颜色逐渐呈浅黄至浅红色，最后变为黑褐色。雌性体型肥大，雄性身体细长。头部较小，为椭圆形，前端有一对黑色触角，眼较小。前胸背板黑褐色，为长方形，宽大于长，其上生有一对前足。雌性尾部尖细，产卵器下垂，并能伸出甲壳外。

习性 **活动：** 幼虫和成虫均喜阴暗，成虫潜伏在黑暗角落、菜叶及其他杂物下面，幼虫多潜伏在麦麸、面粉或其他谷物内0.5～1厘米处。**食物：** 麦麸、玉米皮、米糠及各种杂食，如饼粕、蔬菜叶、树叶、瓜果皮、野草等。**栖境：** 喜寒冷环境，常生活在阴暗角落，如储存杂物的仓库中、菜叶及杂物下方。**繁殖：** 一生经历卵、幼虫、蛹及成虫4个阶段。交配后产卵，卵长0.8～1毫米，呈长椭圆形，乳白色；卵壳极薄，极易碰破；幼虫期50～60天，共蜕皮7次，然后化蛹；蛹长1.2厘米，头大尾尖，全身呈扁锥体，蛹不吃不动，但正常呼吸，比较脆弱，是黄粉甲成长期内生命力最弱的时期；若温度在20℃以上，一般7天左右蛹即蜕皮为成虫。

天敌主要有蜘蛛、蚂蚁、壁虎、老鼠、家畜、家禽、鸟类等

初孵幼虫呈乳白色，长约2厘米，15～20小时后变为土黄色

| ▶ | 别名：黄粉虫、面包虫、甲虫 | 分布：北美寒带、俄罗斯 |

普通蝼蛄

观察季节： 春、夏、秋季

观察环境： 河漫滩、水库边缘、肥沃的田地、植物园等

普通蝼蛄长相极其丑陋，身体背面是一种茶黄色，长了一些绒毛，不很密，但清晰可见。头部较小，墨绿色，圆锥形，看上去特别像一个"骷髅"。头顶长了一些短毛，它还长着小眼睛，长触角。

会飞，前足为挖掘足，掘土异常厉害，能切断植物的根茎和幼苗

形态 普通蝼蛄成虫体型较宽，雄性体长40毫米，雌性体长45毫米，身体背面呈茶褐色，腹面呈灰黄色，因生存年限不同颜色稍有深浅的变化，其上覆盖一层柔软的绒毛。头部较小；触角一对，褐色，长在体前卷成一个圆圈；复眼小而突出，单眼2个。翅鞘的长度为腹部长度的一半；翅透明，具网状脉。足退化为粗短结构，腿节略弯，胫节很短，三角形，具强端刺，便于开掘。雌性的产卵器退化。

习性 **活动：** 常于夜间活动，有趋光性，能倒退疾走，在穴内尤其如此。雄性的翅脉上具发声器，可以鸣叫以吸引雌性。**食物：** 杂食性，常以植物根部、茎块和土壤中的无脊椎动物为食。**栖境：** 常栖息于潮湿肥沃的土壤中、河漫滩、水库边缘、土壤肥沃的农田、植物园等。**繁殖：** 常以成虫和若虫在土内筑洞越冬，深达1～16米；每洞1虫，头向下，次年春季气温上升即开始活动，在地表建造一个洞穴，卵150～350粒，卵10～26天化为若虫，幼虫蜕皮6次，长成为成虫。

我是害虫，在春季为害作物种子，咬食幼果、嫩茎，造成缺苗断垄，植物根茎被害部常呈乱麻状

具有趋光性，对黑光灯或电灯趋性最强，对生马粪也有趋性，对香甜味也很喜爱

活动受气温的影响呈现季节性变化，冬季会休眠

别名： 土狗、耕狗、拉拉蛄、扒扒狗 | **分布：** 欧洲、美国东部及我国各地

沙螽

观察季节： 每年的春、夏、秋季

观察环境： 石块下方、沙下

新西兰最大的直翅目昆虫，前足粗，表皮厚，用于挖掘

　　沙螽看上去十分笨拙，相貌十分丑陋，身上长了很多只脚和许多刺，它是整个自然界最大最凶猛的昆虫之一，凶猛程度可以吓跑老鼠，还会咬人，但它一般不会主动向人发起攻击，只在受到威胁时才会自卫。许多新西兰人知道，如遇上这种特大昆虫，最好绕开走，若被它咬上一口那可是不好玩的。

形态　沙螽体型属于大型，成虫体长21～69毫米，身体呈淡褐色，表皮非常厚；身体前端有一对触角，又宽又长，前端向下弯曲；头部较大，眼黑色、较大；胸部宽且短，腹部为黑色、椭圆形，末端较尖，带有白色的条纹；足数目较多，十分粗壮且长有许多刺。

习性　**活动：** 夜行性且趋光性，白天常在石块或沙下活动或栖息，晚间会转移到地上活动，受到惊吓或攻击时会主动发起进攻，变得异常凶猛。**食物：** 植物果实、一些小型昆虫、地下腐烂的有机物，如腐烂的植物根茎。**栖境：** 非常广泛，常生活在山区、丘陵或沿海沙滩上，躲在石块或土缝中。**繁殖：** 一生要经过卵、幼虫和成虫3个不同发育阶段，每年发生一代；雌雄交配后，雌性一般会将雄性吃掉，然后将大量卵产在地下洞穴或土缝中；卵白色、椭圆形，经一段时间后发育为幼虫；幼虫可以用腹尖在地面打洞，发出"嗡嗡"的声音，这是沙螽独有的声音；幼虫经不断地取食、成长慢慢发育为成虫。

吃掉植物的果实后，还能够传播种子，一般不主动向人发起攻击，受到威胁时才进行自卫

毒隐翅虫

观察季节：春、夏、秋季

观察环境：树林、农业区，尤其是稻田

毒隐翅虫的前翅带有青蓝色金属光泽，当覆盖在身体背面时，像身上长了一条宽的蓝色条纹一样，极大地丰富了身体上的色彩，使它看上去极其美丽。事实上，它是"美丽的毒物"，血淋巴液内含有剧烈的接触性毒素，具防御性功能，当虫体被压迫或击碎时，毒素与皮肤接触即会引起毒隐翅虫皮炎。

不会蜇人，接触到其体液10~15秒会感到剧烈灼痛，造成皮肤起泡及溃烂，是为毒隐翅虫皮肤炎，对人有威胁但并不致命

后翅藏匿于前翅之下，不易察觉，故得名

形态 毒隐翅虫身体细长，成虫体长6.5~7毫米，红褐色，身上常闪着光泽。头部黑色，刻点粗大，复眼褐色，触角11节，丝状，黑褐色；咀嚼式口器。前胸发达，背板呈长圆形，后部略窄。前翅特化为鞘翅，长方形，比前胸背板大，呈黑色，带有青蓝色的金属光泽，刻点粗而深；后翅膜质，静止时叠置在鞘翅下。腹部可见8节。足黑褐色。

习性 **活动**：成虫可以飞行，在飞行中可以捕食猎物，具有趋光性，在天气闷热的夜晚受到灯光引诱时常飞入室内。**食物**：幼虫和成虫营捕食性生活，常捕食稻田中的害虫。**栖境**：成虫常栖息于潮湿环境中，在天气闷热的夜晚受到灯光引诱时常飞入室内。**繁殖**：发育为完全变态，生活史有卵、幼虫(两龄)、蛹和成虫4个时期，每年发生代数因地区而异，由一代至数代，以成虫越冬。

▶ **别名**：青腰虫 | **分布**：我国华北、华南、华东地区

西洋衣鱼

观察季节：春、夏、秋季
观察环境：建筑物的缝隙中、地下室等

西洋衣鱼的腹部较长，分为10节，至尾部渐细，长相特别像一条鱼，故得名。

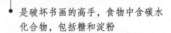

是破坏书画的高手，食物中含碳水化合物，包括糖和淀粉

形态 西洋衣鱼身体长而扁平，体长约13～25毫米，身上被着银灰色金属光泽的鳞片。复眼较小，由许多小眼聚积而成，单眼退化。触角细长，土黄色，超过身体长度的一半，由30节以上丝状环节构成。口器外口式，适于咀嚼。胸部最阔，中胸及后胸各有气门1对，无翅。腹部10节，至尾部渐细。腹末端有尾须3条；足3对。

习性 **活动**：怕日光，常在室内阴暗的缝隙、角落活动，活动能力极强，啃食书画，为室内害虫。**食物**：爱好富含淀粉或多糖的食物，如葡聚糖、糨糊、书籍装订物、照片、糖、毛发、泥土等。**栖境**：常生活在温湿处，怕日光，爱躲在黑暗的地方，如经常出现在涂过糨糊的旧书堆、字画、毛料衣服和纸糊的箱盒中甚至冰箱底部、开暖气的浴室、地砖的裂缝里、厨房墙壁缝内等。**繁殖**：交配时雄虫跟雌虫会到处窜动，雄虫会产下一个用薄纱包住的精囊，由于生理状态成熟，雌虫会找到该精囊做受精用；当温度在25～30℃时，雌虫就会在隐蔽的缝隙里产卵，一次产卵少于60粒，白色，椭圆形，需14～60天孵化为幼虫；初孵化的幼虫为白色，与成虫相比只是体型较小，经数次蜕皮后变为灰色并泛金属光泽，蜕皮次数一般为17～66次，经3个月至3年可发育为成虫。在寒冷或干燥的环境下，西洋衣鱼不繁殖。

身体表面像被着一层银粉一样，泛银色（蓝灰色）光泽，故英文俗名为"Silver fish（银鱼）"

体型小，无翅膀

▶ | 别名：蠹蟫、鱼、白鱼、壁鱼、书虫 | 分布：非洲、美洲、澳洲、欧亚大陆

人蚤

观察季节：一年四季
观察环境：哺乳动物与禽类的体表等

　　人蚤常寄生在哺乳动物及禽类的体表或体内，口器是刺吸式的，主要靠吸取寄主的血液为生，对人类百害而无一益，还是重要疾病原携带者，可导致多种传染病。

体型略呈三角形

形态 人蚤体型微小，体长1.5～4毫米，体色棕黄至深褐色，侧面扁平，全身多刚劲的刺称为鬃。头部略呈圆形，为前头和后头，前头上方称额，下方称颊。触角3节，末节膨大。前头腹面有刺吸式口器。胸部分为3节，每节均由背板、腹板各一块及侧板2块构成。无翅。腹部由10节组成，前7节为正常腹节，每节背板两侧各有气门1对，雄蚤8、9腹节，雌蚤7～9腹节变形为外生殖器，第10腹节为肛节。足3对，长而发达，尤以基节特别宽大，跗节分为5节，末节具有爪1对。

习性 **活动**：人蚤善于跳跃，行动迅速十分快，能在宿主毛、羽间迅速穿行。食物：以哺乳动物与禽类，如狗、猪、猴子、猫科动物、啮齿动物、皱鼻蝠科动物为寄主，幼虫以宿主脱落的皮屑、成虫排出的粪便及未消化的血块等有机物为食。栖境：生活在宿主体表。繁殖：成虫羽化后即可交配，然后开始吸血，并在一两天后产卵，雌蚤一生可产卵数百个，常将卵产在宿主皮毛上和窝巢中，由于卵壳缺乏黏性，宿主身上的卵最终都散落到寄主的窝巢及活动场所，如鼠洞、畜禽舍、屋角、墙缝、床下以及土坑等，这些就是幼虫生长发育的地方；成熟幼虫吐作茧，在茧内蜕皮三次后化蛹，蛹期1～2周，有时可长达1年，取决于温度与湿度；蛹羽化时需要外界刺激，如空气振动、动物扰动、接触压力及温度升高等。

寿命1～2年

欧洲中世纪时传播黑死病的一种媒介，造成当时欧洲1/4人口死亡

白纹伊蚊

观察季节： 春、夏、秋季

观察环境： 居民区及其周围的容器、轮
胎积水等

　　白纹伊蚊身上有由白色鳞片形成的斑
纹，又因为源于东南亚，在东南亚及我国较常
见，所以在国外也被称为"亚洲虎蚊"，俗称"花斑
蚊""花翅膀蚊"。

刺叮凶猛，引
起皮肤奇痒、
红肿、局部皮
炎，甚至全身
性皮炎

形态 白纹伊蚊体型中小，成虫体长2～10毫米，雄性略小于雌
性。身体黑色，其上有银白色斑纹。吻长为1.88毫米，黑色。雄性
的触角较为浓密，其上具有声音接收器；在中胸盾片上有一正中白色
纵纹，从前端向后伸达翅基水平的小盾片前面分叉。翅长2.7毫米。腹部背面2～6
节基存在白带。后跗1～4节基有白环，末节全为白色。

习性 **活动：** 喜在室外活动，也可飞进室内，飞行能力不强，主要在白天吸血，下
午为活动高峰。**食物：** 以吸血为主，也取食花蜜、其他甜味植物汁液等。**栖境：** 多
滋生在居民点及周围，如缸、罐、盆、碗、破瓶等中，以及植物容器，如竹筒、树
洞和石穴等小型积水、轮胎积水中。**繁殖：** 一生交配一次，交配后产卵，产在小面
积积水上，安静、阴凉，不易受打扰。雌蚊会收集血液来喂养它的卵，直至其发育
为幼虫；幼虫具有"嗜静"特性，常在较静的水面发育为成虫。

攻击性很强，
是重要的病毒
媒介，可传播
多种病原体

卵具有很强的抗寒能力和生命力，易于
被携带传播，能够侵袭入新领地，并发
展为优势蚊种，由此成为过去20年间全
球扩散速度最快的100种物种之一，已从
起源地亚洲扩散至全球70多个国家

▶ **别名：** 黑白蚊子、花蚊子、亚洲虎蚊 | **分布：** 美洲、欧洲、亚洲各地

淡色库蚊　▶　　蚊科，库蚊属　|　*Culex pipiens* L.　|　Common house mosquito

淡色库蚊

观察季节：春、夏、秋季，6～9月较常见
观察环境：污水池、臭水沟、化粪池、雨水井积水、建筑工地坑洼积水

　　淡色库蚊比较喜欢甜食，蜂蜜、甘露、果汁之类是它的最爱，雌蚊还会吸食人类和牲畜的血液，以更好地哺育它的卵。淡色库蚊常在夏季和早秋出现，喜欢比较肮脏的地方，还会咬人，所以极令人讨厌。

形态 淡色库蚊体型中等，成虫体长3～7毫米，身体淡褐色。喙较长，为深褐色；刺吸式口器，深褐色。触角几乎与喙等长。中胸背板上无白色条纹；翅上无花斑；腹部分节，腹背各节基部均有灰色横带，带的后缘平直。足较长，为深褐色。

习性 **活动**：喜在室外活动，也可飞进室内，飞行能力不强，主要在白天吸血，下午为活动高峰。**食物**：常以各种糖类物质为食，如花蜜、蜜汁、水果汁液等，雌蚊取食人类和牲畜的血液。**栖境**：居民区附近的污染积水中，如城市里的污水池、臭水沟、化粪池、雨水井积水、下水道积水、浇花用的肥水缸、建筑工地坑洼积水等。**繁殖**：以成蚊越冬，主要越冬场所有地窖、防空洞、地下室、花房、暖气沟等，冬季大批自然死亡；未死者翌年春天飞出，吸血产卵，卵通常黏集成卵块，浮于水面；幼虫可以在缸罐等容器受污染的积水中生长，慢慢长为成虫。

刺吸式的口器很长，是它的利器，常用来吸食美味

谷类大蚊

观察季节：春、夏、秋季，6～9月较常见
观察环境：树丛、公园、农田等植被茂盛区，尤其是
谷类种植区

　　谷类大蚊常栖息在玉米、高粱、小麦等作物上，尤其喜欢谷类作物，造成了巨大的危害，所以被称为"谷类大蚊"。

雄蚊腹部棒状

形态 谷类大蚊体型属于大型，成虫体长达16～23毫米，身体为棕黄色。头部为黄色，生有褐色中纵带。触角13节，为丝状，雄虫触角较长，超过前翅基部，雌虫触角短粗。翅展10～15毫米；前翅黄色，翅脉明显。中胸黄色，生暗褐色宽纵带。腹部背面、腹面中央及两侧均生有纵向的黑斑，雄蚊腹部棒状，雌蚊腹部纺锤形。足黄色，双爪。

习性 **活动**：每年6～9月为活动高峰期，活动虽不敏捷，但可以在活动区造成巨大的危害。**食物**：常为害玉米、高粱、小麦、花生、蔬菜等。**栖境**：常生活在温带较为干旱且植被茂盛的地区，尤其是谷类的种植区。**繁殖**：1年生2代，以末龄幼虫在土下20～25厘米处越冬，翌年5月化蛹，羽化为成虫；6月产卵，卵长0.75毫米，长椭圆状，黑色；经一段时间后，卵孵化为幼虫，7月上旬～8月中旬为幼虫活动期，末龄幼虫体长22～26毫米，浅灰褐色，头部颜色较暗，半缩在前胸内，咀嚼式口器；8月中旬至下旬化蛹、羽化，蛹的形状与幼虫相似；进入9月初又产卵、孵化为幼虫，10月幼虫进入老熟状态，入土化蛹。

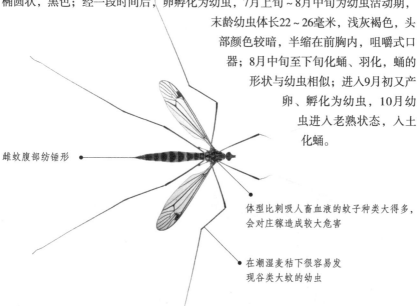

雌蚊腹部纺锤形

体型比刺吸人畜血液的蚊子种类大得多，会对庄稼造成较大危害

在潮湿麦秸下很容易发现谷类大蚊的幼虫

别名：不详 | **分布**：我国东北、华北、西北地区等

嗜牛原虻

观察季节：春、夏、秋季

观察环境：近水而温度较高处，如水田、沼泽地、苇坑、流水、静水附近

嗜牛原虻特别喜欢以牛科动物的血液为食，所以被称为"嗜牛原虻"。

形态 嗜牛原虻体型较大，成虫体长25～30毫米，身体粗壮，呈灰褐色，其上还覆盖着灰褐色的绒毛，外表极像一头特大号的苍蝇。复眼颜色丰富，常带有条形的图案。口器发达，上、下颚及口针都极锋利而发达。

习性 **活动**：飞翔力极强，飞行起来迅速敏捷，常发出嗡嗡声，又快又急，好像乱飞一样，但这可绝对不是瞎飞乱撞，而是在寻找美味，准备饱餐一顿。常在白天活动，以午时为活动高峰。**食物**：捕食性，捕捉到猎物后用消化液注入猎物中，把猎物消化成液体后再吸入，也以花蜜、蜜汁、水果汁液等为食，雌性可取食牛科动物的血液。**栖境**：常生活在池边、水旁，如水田、沼泽地、苇坑、流水、静水附近。**繁殖**：常在近水且温度较高处进行交配繁殖，交配后常将卵产在水中禾本科植物的叶上，幼虫一孵化便掉入水中，在水下生活，待到化蛹时才游到岸边。

除了喜好吸食牛类的血液，还吸食其他哺乳动物的血液，包括偶尔叮咬人类

身上最漂亮的当属复眼，不但大、凸出、颜色丰富，还带有一些条形图案

PART 2

蛛形纲

温室希蛛

观察季节：春、夏、秋季

观察环境：草丛、灌木丛、洞穴、树洞等

　　温室希蛛的腹部圆圆的，上面长了一些不规则黑褐色斑纹，像一个部落标识。它喜欢在灌木丛和杂草丛中织网来捕食美味佳肴，在它饱餐一顿的时候，也为人类解决了一些害虫。

适应性强、分布较广的一种蜘蛛

形态 温室希蛛成虫体长5.1～6.8毫米，身体淡褐色并长有不同形状的斑点。前眼列后曲，后眼列前曲，前后侧眼相接。头胸部呈桃形，前尖后宽。背甲上有黑毛，胸板三角形。腹部椭圆形，背面高度隆起，有不规则黑褐色斑纹。步足细长，多毛，有黑褐色环纹，无刺。外雌器中间有凹坑，形状在不同个体有所变化，有的个体生殖孔呈较窄长或较短粗的椭圆形。

习性 **活动**：白天或夜晚均可织网活动并且伏在网上；交配季节雄蛛可到雌蛛网上（雄蛛不结网），以弹动网丝向雌蛛发出求偶信号，交配也在网上进行。**食物**：捕食多种常见昆虫，如苍蝇、蚊子、蚂蚁、蜜蜂等。**栖境**：常生活在室内、住宅周围及棉田、田埂周围的植物上，结不规则网，白天或夜晚均可伏在网上，将土粒与枯叶等吊在网的中央，自己匿居在其中，也可以栖息在洞穴和树洞中。**繁殖**：交配季节来临，雄蛛可到雌蛛网上，弹动网丝向雌蛛发出求偶信号，交配在网上进行。雌蛛一生交配一次便可终生产受精卵，把卵袋也系在网上，有时可一连产数个卵袋，系在一个网上，雌蛛即在卵袋旁进行看护，几天后便孵化出幼虫。

雌蛛有较强的抗饥饿的能力，试验表明在30℃恒温条件下，停止供水、供食，平均寿命可达20天，若停食但供水，寿命可达30天

▶ **别名**：不详 | **分布**：亚洲、欧洲、美洲、非洲、太平洋周邻各国，我国大部分地区

黑寡妇蜘蛛

观察季节：春、夏、秋季
观察环境：草丛、灌木丛、洞穴、树洞

黑寡妇蜘蛛是一种广泛分布的大型蜘蛛，性格凶猛，富于攻击性，毒性极强，常会不经意间咬人一口，给人类安全带来隐患，但由于毒素的注射量较小，一般不会有生命危险。

形态 雌性黑寡妇蜘蛛包括腿展大约38毫米长，躯体大约13毫米长，雄性只有雌性的一半长甚至更小。身体呈黑褐色，具有黄色或红色条纹和一个黄色或红色的沙漏斑记。腹部较小。腿部细长。

雌性在交配后立即咬死雄性配偶，故得名"黑寡妇"

习性 **活动：**白天或夜晚均可织网活动并且可以伏在网上，当猎物缠上网，就迅速从栖所出击，用坚韧的网将猎物稳妥地包裹住，然后刺穿猎物并将毒素注入。**栖境：**温带或热带地区植被茂盛的地区。**食物：**常在灌木丛或杂草丛中织网捕食各种昆虫，偶尔捕食虱子、马陆、蜈蚣和其他蜘蛛。**繁殖：**雄性成熟后会编织一张含精液的网，将精子涂在上面，并在触角上沾上精液，交配时将触角插入雌性受精囊孔实现交配；雌性产的卵包在一个球形柔滑的囊中，作为伪装和保护；一个雌性在一个夏天能产9个卵囊，每个含400个卵；卵的孵化需要20～30天，幼虫发育成熟需要2～4个月。

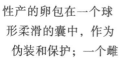

雌性腹部呈亮黑色，有一个红色的沙漏状斑记

当猎物缠在上网时会迅速出击，用网将猎物裹住，然后刺穿猎物，注入毒素，当猎物活动停止时，再将消化酶注入其伤口

墨西哥红膝鸟蛛 ▶ | 捕鸟蛛科，短尾蛛属 | *Brachypelma smithi* F. O. P-C | Mexican redknee tarantula

墨西哥红膝鸟蛛

观察季节：春、夏、秋季

观察环境：山间、林间、洞穴中

墨西哥红膝鸟蛛性情温顺，平常喜躲在凉爽的洞中栖息，它原产于墨西哥，故得名。但在墨西哥地区的数量比较稀少，所以被列入《华盛顿公约》（CITES）附录Ⅱ保护物种。

形态 墨西哥红膝头蜘蛛体型中到大型，成虫体长约为12~16厘米，雄性略小于雌性，浑身布满绒毛且体色鲜艳美丽，体重15~16克。身上大部分为黑色，头部、腿部的第二节有红色或橘黄色绒毛，绒毛的颜色随着它们逐渐成熟而逐渐加深。颚十分粗壮，其上有绒毛。雄性的腿较长。

习性 **活动**：性情温顺，行动缓慢，喜欢躲在干爽凉快的阴暗地洞中栖息。**食物**：以各种昆虫及肉类为食。**栖境**：常生活在墨西哥西南部山区的热带落叶林中，如科利马和格瑞罗州。**繁殖**：脱壳是它成熟的一个重要过程，为了脱壳成功，它会停止取食，以便储存更多的能量——蜕皮有许多作用，首先是更新它的外壳，它的外骨骼较硬，伸展起来比较困难，所以会从下部长出一个新的外壳；其次，可以替换它已经丢失的附属器。成长速度缓慢，生命周期很长，可以活10~25年，有的还可达到30年；雌性寿命更长。

雌雄体色相近且性情温顺，很容易交配，自相残杀的现象很少发生

全身毛茸茸的，长相独特，常被饲作宠物蜘蛛，喜欢食蟑螂

▶ **别名**：墨西哥红膝头、墨西哥红膝头蜘蛛 ┆ **分布**：墨西哥西部沿海的荒漠地区

| 满蟹蛛 ▶ | 蟹蛛科，蟹蛛属 | *Thomisus onustus* Walckenaer | Crab spider |

满蟹蛛

观察季节：春、夏、秋季

观察环境：公园、树林矮小植株上

　　满蟹蛛的腹部与头部比起来出奇得大，给人感觉长得十分肥硕，由于腹部过大导致行动不便，它移动起来十分笨拙，常常横向移动，十分像螃蟹，故得名。注意，它的颚健全，常有毒，如果被它咬到会感到疼痛难忍，但由于它个体小，毒液毒性不大，所以不会危及生命。

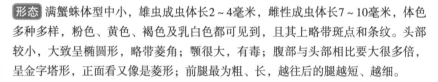

形态 满蟹蛛体型中小，雄虫成虫体长2～4毫米，雌性成虫体长7～10毫米，体色多种多样，粉色、黄色、褐色及乳白色都可见到，且其上略带斑点和条纹。头部较小，大致呈椭圆形，略带菱角；颚很大，有毒；腹部与头部相比大很多倍，呈金字塔形，正面看又像是菱形；前腿最为粗、长，越往后的腿越短、越细。

习性 **活动**：活动能力较强，出没范围非常广泛，无论白天、黑夜均可以织网，利用网来捕食各种小型昆虫。**食物**：食性较广，可以将蚂蚁、苍蝇、蜜蜂等小型昆虫作为食物。**栖境**：常栖息在温暖气候中，如森林地带、干燥而阳光充足的沙滩及干旱草原等，可以生活在任何有人类居住的地方，常出没于矮小的植物上，比如花、叶、茎等。**繁殖**：交配一般发生在6月，交配前雄性会先捕获一只昆虫作为礼物送给雌性，然后慢慢接近，把精子传递给它，最后迅速逃跑，也有一部分还没来得及跑掉就被雌性作为盘中餐，但整个交配过程中雌性并不会那样具有攻击性。

常出没于矮小的植株上，颜色众多、鲜艳，其中黄颜色的与黄色的花瓣很接近

吃害虫，对人类有益，喜爱长期待在一个地点狩猎

寿命非常长，最长可达100年，是昆虫中的老寿星

| ▶ | 别名：不详 | 分布：世界各地 |

满蟹蛛

| 欧洲食鱼蛛 ▶ | 盗蛛科，狡蛛属 | *Dolomedes fimbriatus* Clerck | Jesus spider |

欧洲食鱼蛛

观察季节：春、夏、秋季

观察环境：水面岩壁、酸性沼泽和草原上

　　欧洲食鱼蛛原产于欧洲，生性凶猛，常生活在水面岩壁上，具有较强的潜水能力，有时潜入水中待上近1个小时，因此捕鱼常成为它的"主业"，捕食昆虫成了"副业"。

形态 欧洲食鱼蛛的体型中到大型，雌性成虫体长大约22毫米，雄性会比雌性稍微小些。腿部较长，长达70毫米。身体颜色为深褐色，类似于巧克力颜色，有些个体是绿色的，在身体两侧带有明显的白色或奶油色的纵向条纹，条纹外缘带有一圈黑色。

习性 **活动：**可以在水面活动捕食浮游生物、昆虫，也可以潜入水下捕食水中的小鱼。**食物：**以水面浮游生物、昆虫等为食，也潜水并捕食小鱼；当它捕捉猎物时，先用触肢在水面上轻拍，引诱周围的鱼类，一旦有鱼上"钩"，它就跳上鱼背，先用两只含有毒液的螯刺入鱼体，随后把鱼拖到水面，拉到干燥的地方，紧接着就把鱼悬挂在树枝上，最后将其杀死并吃掉。**栖境：**半水生，常生活在水面、酸性的沼泽和湿润的草原上。**繁殖：**雌性很少织网，网并非用来捕食，而是来载卵，就像育婴室，它可以载着卵到处走动，直到卵孵化；孵化的幼虫慢慢长为成虫。

蜘蛛吃鱼并非天方夜谭，我的捕鱼技巧十分高超

这类会吃鱼的蜘蛛挺多，约有26种，除南极洲外几乎每个大陆都均有分布

| ▶ | 别名：不详 | 分布：英国 |

奇异盗蛛

身体颜色十分多样，从红色
到灰色再到黑色

观察季节：春、夏、秋季

观察环境：潮湿的草原、低洼的沼泽、盐碱滩、森林的边缘地带

奇异盗蛛的奇特是它的大长腿和纤细腹部，腿的长度在昆虫界排名靠前，细长的腹部呈锥形向后逐渐变细，整体身形常让人感到惊异。

形态 奇异盗蛛雌虫体长12～15毫米，雄蛛体长10～13毫米；前体颜色较为多样，从浅红色到灰色再到黑色，背甲红褐色，背中线为一浅色纵线，一直延伸到腹部，两侧有灰色细放射纹。螯肢前、后齿堤均具3齿。胸板灰褐色，但中线上有一淡色斑。腹部细长，向后逐渐变为锥形，雌性腹部背面有一暗色斑。足非常长。雄性的触肢胫节外末角的突起较细，末端尖细钩曲，突起基半部的外侧面密生灰色长毛。跗节宽厚，近似圆球状。

习性 **活动**：活动能力较强，常在植被茂盛的地方活动，可以在植物的叶片上爬行，并且无论白天、黑夜均可以织网，利用网来捕食各种小型昆虫。**食物**：以陆地上各种小型昆虫为食。**栖境**：十分广泛，地面上、高树上、海拔1500米处的高地上均见，但它更喜欢潮湿的生活环境，比如草原、低洼的沼泽、盐碱滩、沙滩、森林边缘地带以及潮湿的树篱中。**繁殖**：交配后常将受精卵产在一个壳内，然后逐渐发育为胚胎，再进入预备幼虫阶段，几个小时后脱壳为幼虫，幼虫期长短取决于温度，一般187～257天，分为12龄，4.5～7.5天后发育为1龄幼虫，并离开壳，生活在雌蛛织的网中，逐渐发育为成虫。

装满了受精卵的球形壳

别名：不详 | **分布**：欧洲、北美洲、俄罗斯及我国新疆和甘肃

长踦幽灵蛛

观察季节： 春、夏、秋季

观察环境： 寺院及室内的阴暗角落

长踦幽灵蛛小小的头部更显得它的腹部之巨大——腹部向上隆起，呈长椭圆形；足极长，还很细，正是由于这细长的足而得名"长踦幽灵蛛"。由于它并没有毒性，所以不对人类造成伤害。

腿又细又长，腹部圆润具光泽

形态 长踦幽灵蛛体型中等大小，体长约6毫米，身体灰白色。头小，头胸部宽圆，土灰色，有2个褐斑，眼域中间至后方有暗蓝色的叶状斑。腹部隆起，长椭圆形，淡褐色；腹背中央有2条褐色斑点排列的纵带至腹端会合，前宽后窄，近腹端密生褐色斑。步足极细长，长度超过身体的3倍，基节、转节端部有褐色斑，腿节、膝节端部有蓝色斑。

习性 **活动：** 活动能力较强，常在阴暗角落活动，无论白天、黑夜均织网，利用网来捕食各种小型昆虫，但网织得不整齐，网上细丝由丝腺细胞分泌，在腺腔中为黏稠液体，经纺管导出后遇到空气很快凝结成丝状，丝强韧而富有弹性。**食物：** 常取食一些小昆虫，它的螯针极短小，捕猎时先用长长的腿和猎物保持足够距离，然后快速缠绕蛛丝，再补上一口。**栖境：** 低海拔山区，栖息于低矮灌木丛中，也可以生活在庭院或室内阴暗的角落中。

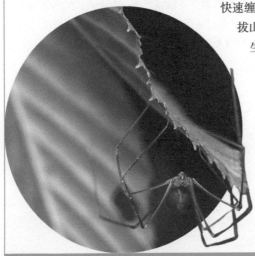

繁殖： 生命周期较长，一般1～2年，一生经历卵、幼虫、成虫三个阶段。雌雄交配后常将受精卵产在一个壳内，然后受精卵逐渐发育为胚胎，再进入预备幼虫阶段，几个小时后脱壳为幼虫，经一段时间发育幼虫离开壳，生活在雌蛛织的网中，并逐渐发育为成虫。雄性在交配后即死亡。

▶ **别名：** 幽灵蛛 | **分布：** 欧洲到阿塞拜疆，我国江浙、安徽、河南、陕西、山东及东北

帝皇蝎

观察季节： 一年四季

观察环境： 热带雨林及热带稀树草原的土壤及岩石缝中

帝皇蝎因栖息地被大量开发破坏，再加上非法捕捉，它的野外族群数量已受到威胁，成为唯一被列为CITES Ⅱ保育类的蝎子。

形态 帝皇蝎是蝎子当中体型最大的一种，成虫体长约20厘米，身体暗红色，上面带有一些颗粒状物质。身体前半部分由四部分组成，每一部分都带有一对足，位于体侧，足部前端有爪；第四对足的后面有一个梳状结构，雄性比雌性长一些；尾部较长，并向身体上部弯曲，末端有一个装有毒液的腺体，该腺体又尖又锋利，其上带有毒刺。

全身暗红色接近黑色，极有力量，颇具帝王风范

习性 **活动：** 行动速度比较缓慢，但当遇到心爱的食物时会比较凶猛，运动路径主要依据食物而定。**食物：** 杂食性，只要吃得下的东西都可以作为食物，一般限于会动的比自己体型小的猎物，偶尔也吃较大昆虫的尸体。**栖境：** 主要生活在非洲的热带雨林和热带稀树草原，常在地下洞穴或岩石缝隙中生活，也可以生活在白蚁洞穴中。**繁殖：** 繁殖期在3～4月，雄蝎先将类似直立小树枝的精荚置放在岩石表面，夹住雌蝎的螯，经一阵推拉再让雌蝎把精夹插入泄殖腔，以达成交配目的；经过6～9个月的怀孕期，雌蝎以卵胎生方式直接将幼蝎产下，幼蝎会在母蝎背上待1～2周，2～3年达到性成熟。

最特别的当属尾部，尾极长，向身体前端弯曲，尾末很尖，上面带有毒刺，它的毒刺也是分类的依据

▶ **别名：** 非洲帝王蝎 | **分布：** 非洲中南部，刚果、塞内加尔、苏丹

| 非洲黄爪蝎 ▶ | 细尾蝎科，黄爪蝎属 | *Opisthophthalmus carinatus* P. | Robust burrowing scorpion |

非洲黄爪蝎

观察季节： 一年四季

观察环境： 非洲干燥荒漠地区的岩石缝隙中

　　与其他蝎子相比，非洲黄爪蝎的身体更坚硬、强壮，尾部极长，并向身体前端弯曲。尾末很尖，上面带有毒刺，它的毒刺也是分类的依据。

会挖洞，野生环境下爱在洞穴附近伏击蟋蟀

形态 非洲黄爪蝎成虫体长约20厘米，身体健壮，其上带有坚硬的壳。体色为分两种，一种为土黄色，另一种颜色较深，其上带有黑色的横向条纹。身体的前半部分由四部分组成，每一部分都带有一对足，位于体侧，足部前端有爪；第四对足的后面有一个梳状结构。尾部较长，并向身体上部弯曲，末端有一个装有毒液的腺体，该腺体又尖又锋利，其上带有毒刺。

习性 **活动：** 性情并不算太凶恶，但有一些个体容易紧张，当受外界影响时便呈现攻击态势；吃饱后的非洲黄爪蝎常会躲在阴暗的角落或洞穴、岩缝中，慢慢消化食物，或者清洁刚被弄脏的螯肢，或者休息。领地意识非常强，容易激动，受到惊吓时会借由嘴部触肢的摩擦而发出较大的恐吓声，通常能赶跑小型啮齿类。**食物：** 常以小蟋蟀、蜘蛛及中小型昆虫等为食。**栖境：** 常生活在非洲的干燥荒漠地区，经常在大的岩石上及土壤中打洞，然后生活在其中。**繁殖：** 繁殖期在3～4月，雄蝎先将精荚置放在树木的枯枝上或岩石表面，然后夹住雌蝎的螯，经一阵推拉再让雌蝎把精荚插入泄殖腔，以达成交配目的；经过几个月的怀孕期，雌蝎以卵胎生方式直接将幼蝎产下；幼蝎会在母蝎背上待1～2周，一段时间后达到性成熟。

适宜人工饲养，但最好让它独居，以免受外界影响而神经紧张，呈现攻击状态

▶ **别名：** 非洲光额黄爪蝎 | **分布：** 非洲南部的干燥荒漠地区

PART 3

甲壳纲

球鼠妇

观察季节：春、夏、秋季
观察环境：公园、果园、农
业区、花卉种植区、草原等

球鼠妇受到惊吓时，会将身体
蜷缩成球形以御敌；另一个御敌策
略是"假死"，当敌人靠近时它就装
死，敌人走后它就又开始活动。

【形态】球鼠妇成虫体长大约18毫米，身
体背面为灰色或褐色，体宽而扁，稍有
光泽，身体分13节，第八、第九两个体节明
显缢缩，末节呈三角形。头部宽2.5~3毫米，头
顶两侧有1对复眼，眼黑色，圆形微突起；头顶前端
着生两对触角，土褐色，1对触角长，1对触角短而不明
显，长的1对触角分6节，第四节最长，相当于第五、第六
节之和。口器小，褐色。第一胸节与颈愈合，胸部腹面略呈灰
色。腹部颜色较深。

【习性】**活动**：喜暗怕光，白天多在土中隐蔽，傍晚陆续出来活动，晚上
9~10点至翌日3~4点为其活动高峰期，阴雨天白天也可以活动。**食物**：在
野生环境中常以腐烂植物为食，在人工温室中常取食多种植物的幼芽，也啃食
根、茎和果实、叶片，严重时可吃光叶片，仅留叶脉。**栖境**：在温室内发生普遍，
喜欢生活在阴暗潮湿的地方。**繁殖**：一年繁殖1次。雌体将卵产在胸部腹面的"卵
兜"内，每只产卵30粒左右，约两个月后卵孵化为幼鼠妇，从"卵兜"内陆续爬
出，离开母体，独立生活；幼鼠妇经过多次蜕皮后，才能成熟。

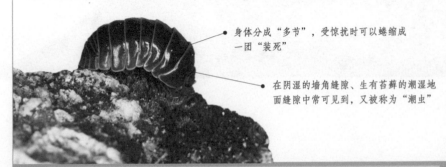

身体分成"多节"，受惊扰时可以蜷缩成
一团"装死"

在阴湿的墙角缝隙、生有苔藓的潮湿地
面缝隙中常可见到，又被称为"潮虫"

▶ **别名**：西瓜虫 | **分布**：欧洲、北美，我国南北大部分地区

中华绒螯蟹

观察季节： 春、夏、秋季

观察环境： 海、湖泊、河流

中华绒螯蟹是一种经济蟹类，又称河蟹、毛蟹、清水蟹、大闸蟹等，广泛分布于我国南北沿海各地湖泊，其中以长江水系产量最大。它螯足掌部内外缘均密生绒毛，口感极其鲜美，历来被称为蟹中之冠。

螯足用于取食和抗敌，掌部内外缘密生绒毛，故得名绒螯蟹，取食时靠螯足捕捉，然后将食物送至口边

形态 中华绒螯蟹似人的手掌大小，体近圆形，壳宽3~10厘米。头胸甲背面为草绿色或墨绿色，腹面灰白。腹部平扁，雌体呈卵圆形至圆形；雄体呈细长，钟状；幼蟹期雌雄个体腹部均为三角形，不易分辨。1对螯足掌部内外缘密生绒毛，4对步足的长节末前角各有1尖齿。腹肢雌性4对，位于第2至第5腹节，双肢型，密生刚毛，内肢主要用以附卵；雄蟹仅有第1和第2腹肢，特化为交接器。

习性 **活动：** 昼匿夜出，但有趋光性，每年秋季长得比较丰满，常回游到近海繁殖。**食物：** 杂食性，以水生植物、鱼、虾、螺、蚌、蠕虫、蚯蚓、昆虫及其幼虫为食。**栖境：** 江河、湖荡岸边，喜掘穴而居或隐藏在石砾、水草丛中。**繁殖：** 一般在半咸水域繁殖，交配时雄蟹以螯足钳住雌蟹步足，并将交接器的末端对准雌孔，将精液输入雌蟹的纳精囊内，历时数分钟至1小时；雌蟹交配后7~16小时产卵，受精卵附着在雌蟹腹肢的刚毛上，水温10~17℃时受精卵经30~60天后孵化出溞状幼体；溞状幼体在淡水域成长发育，完成整个生命周期。

栖于淡水湖泊河流，但在河口半咸水域繁殖

螯绒看起来似两块粘在爪上的湿湿的污泥

▶ **别名：** 河蟹、大闸蟹、螃蟹 | **分布：** 亚洲北部、朝鲜西部、我国东部

彩虹蟹

观察季节：春、夏、秋季

观察环境：沿海地区的沙滩等

身上带有红、紫、黑和白等色，鲜艳夺目，让人不忍食用

彩虹蟹是一种经济蟹类，由于长相美丽，常被作为观赏蟹类。它十分好斗，攻击性很强，在运输过程中会自相残杀。为避免损失，人们常将它装在肥皂盒中，故也有英文名为"soapdish crabs"。

形态 成年彩虹蟹的甲壳宽最长可达到20厘米，刚发育成熟的甲壳颜色为青色或紫色。四对足，为红色，身体前方为一对螯足，后三对为步足，其上有爪，爪为白色；随着年龄增长，甲壳及足部颜色会逐渐褪去，慢慢变得淡一些。

习性 **活动**：成年的彩虹蟹主要在陆地上爬行，在沙滩或岩石上挖洞，并栖息在其中，但不能在水下生活太久。食物：杂食性，食物种类多种多样，如各种水果、水生植物、腐烂物、爬行动物、两栖动物、软体动物、鱼类、昆虫等；它们还会自相残杀，也经常以小的同类为食。栖境：生活在非洲西部的沿海地区及一些三角洲和群岛上，比如沃尔特河三角洲。繁殖：一种陆生蟹类，通常生活在干燥陆地上，但会在微咸的水中产卵；交配时雄蟹以螯足钳住雌蟹步足，并将交接器末端对准雌孔，将精液输入雌蟹的纳精囊内，整个交配过程历时数分钟至1小时；雌蟹在交配后7~16小时内产卵；最初孵化的幼蟹非常小，肉眼几乎不可见，慢慢地发育为幼年蟹，当发育成熟时如果没有及时地爬到陆地上，会被溺死，因为它们并不能潜水太久。

生命力非常顽强，不容易感染病菌，人工饲养时无需特殊照顾便能健康成长，而且体重增长较快，可达约800克

横行霸道，大钳子非常有力

别名：不详 | **分布**：非洲西部的沿海地区

三眼恐龙虾

观察季节： 春、夏、秋季
观察环境： 水洼、稻田

三眼恐龙虾学名为佳朋鲎虫，是已知的鲎虫中唯一在我国发现的一种。它最早出现在三亿年前的古生代石炭纪，有一个重要的生物讯息，即滞育期，这使它逃过了白垩纪（恐龙灭绝的年代）。它在我国还有很多有趣的名字，如马蹄管子、王八盖子、翻车车、屎壳郎崽等，这都是人们根据它的形态或生活习性而取的。

生命力顽强，经历了三次地球世纪大灭绝，仍有数种品系存活

形态 三眼恐龙虾体长约100毫米，共分成约40节，还有些叶子一样的附属肢体，有些肢体多达70多对。它有三只眼睛，两侧为黑色的复眼，中间还有一只白色感光的眼睛。大背壳呈椭圆形。腹部细长，柔软灵活。尾巴较长，呈叉状。

习性 **活动：** 身体柔软灵活，活动迅速、敏捷，捕食速度极快，常在食物聚集处活动。**食物：** 主要以有机体的碎屑或捕捉小的水生物和它们的幼虫为食。**栖境：** 为水底栖居动物，栖息在湖泊、池塘中，澳洲的艾尔岩（世界上最大的岩石）山顶也有分布。**繁殖：** 常将卵产在雨水形成的天然池塘中，如果遇到干旱期池塘枯涸，雌性便发出一个生物讯息使卵不再孵化，即进入"滞育期"，等待下一个雨季来临时再孵化；幼虫成长阶段会很快经历多次脱壳(大约每日一次)，在30天内即可进化至成虫；存活周期约90天，滞育期至少可达25年，即是说当环境恶劣时，它的卵可以不孵化，若25年后遇上适宜的环境它的卵仍然可以孵化，因此生命力极强，被称为"活化石"。

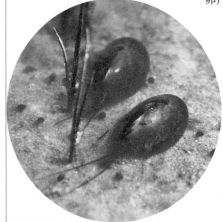

欧洲沙蚤

尾部为弹跳的发力部位

观察季节*：春、夏、秋季*

观察环境*：高潮线附近的海滩上*

　　欧洲沙蚤有一对圆圆的黑眼睛——但算不上大眼睛，一对十分明显且有趣的触角——两个触角并不对称，而是其中一个比另一个粗壮很多。它们可以跳跃，又被称为"欧洲跳虾"，至于跳跃的诱因，科学研究还没揭开谜底。

身体外部有一层壳，像虾一样

形态 成熟的欧洲沙蚤体长8.2~16.5毫米，雄性比雌性稍微大一些，身体颜色为棕灰色或棕绿色，前端有一对较圆的黑眼睛；触角一对，不等长。

习性 **活动**：可以跳跃，但跳跃时并没有方向性，跳跃时腿会发力，腹部弯曲，身体从下向上伸展，然后便可以在空中跳跃几英寸。白天钻入沙内10~30厘米深，夜晚潮汐退下时出来寻找食物。天敌是岸禽类。**食物**：常以海滨线附近的腐烂有机碎屑和植物为食。**栖境**：常生活在海滨线附近的海滩上。在冬季，成年的欧洲沙蚤在湿度达到2%时开始在沙滩上打洞，洞深大约20厘米，然后生活在其中。**繁殖**：交配常发生在傍晚退潮迁徙时，一般用时超过14小时；雌性蜕皮后产卵，每次产卵13~15个，常将卵覆盖在身上；初孵幼虫对干燥十分敏感，常生活在湿度为85%~90%的海藻附近，不能打洞，几个月后便出现性别分化；交配后的雌性一般存活18个月，雄性可存活21个月。

生活在高潮线附近的海滩上，善跳跃，又称"沙跳虾""滩蚤"或"滩跳虾"，受到惊扰时会立刻弹跳起来

在英国很常见，在爱尔兰、北海、从挪威至地中海的欧洲海岸线均能见到

▶ **别名**：欧洲跳虾 | **分布**：从大洋洲的东北部到北海的海岸线附近

PART 4

多足纲

蜈蚣

观察季节：春、夏、秋季
观察环境：潮湿的墙角、砖块下、烂树叶下、破旧潮湿的房屋中

与蛇、蝎、壁虎、蟾蜍并称"五毒"

蜈蚣是一种陆生节肢动物，身体由很多体节组成，每一节上都长有一对步足，所以是一种多足生物，被人们称为"百足虫""百脚虫"。它生性十分凶猛，有能射出毒液的颚爪，甚至可杀死比自己大很多的动物，这也导致同种相残中毒而致死的现象。

形态 蜈蚣的身体呈扁平长条形，长9～17厘米，宽0.5～1厘米，全身由22个环节组成，最后一节略为细小。自第二节起每体节都有1对脚，生于两侧，黄色或红褐色，弯作钩形，质脆，断面有裂隙。头部两节暗红色，有触角及毒钩各1对。背部棕绿色或墨绿色，有光泽，并有纵棱2条。腹部淡黄色或棕黄色，皱缩。

习性 活动：惧畏日光，昼伏夜出，钻缝能力极强，往往以灵敏的触角和扁平的头板对缝穴进行试探，岩石和土地的缝隙大多能通过。食物：肉食性，食物范围广泛，常食小昆虫类，如蟋蟀、蝗虫、金龟子、蝉、蚱蜢以及各种蝇类、蜂类，甚至蜘蛛、蚯蚓、蜗牛以及比自己身体大得多的蛙、鼠、雀、蜥蜴及蛇类等；在早春食物缺乏时，也吃少量青草及苔藓嫩芽。栖境：畏日光，昼伏夜出，常在阴暗、温暖、避雨、空气流通的地方生活，比如丘陵地带和多沙土地区，白天多潜伏在砖石缝隙、墙脚边和成堆的树叶、杂草、腐木阴暗角落里，夜间出来活动。繁殖：性成熟后，一般在3～5月和7～8月的雨后初晴的清晨进行交配，40天开始产卵；雌蜈蚣把受精卵产在自己的背上，以便及时孵化；每只雌蜈蚣一次排卵达2～3小时，每次产卵80～150粒，卵表面富有黏液，卵粒互相黏在一起成卵块；孵化期间雌蜈蚣不吃不喝，直到孵化出幼蜈蚣。

一种有毒腺、掠食性的陆生节肢动物，常见有红头、青头、黑头三种，以红头蜈蚣最佳，体型大，产量高，性情温顺，适应性强，生长快，适宜人工饲养，可入药

脚呈钩状，锐利，钩端有毒腺口，一般称为腭牙、牙爪或毒肢等，能排出毒汁

▶ 别名：天龙、百脚、吴公 | 分布：世界各地，我国西南地区

美洲山蛩

观察季节：春、夏、秋季

观察环境：森林、公园，尤其是
阔叶林、针阔叶混交林、针叶林等

美洲山蛩长得十分像蜈蚣，但没有蜈蚣
那么凶狠。它的脚也有很多，从第5节开始每
一节都有2对足，所以又被称为"百足虫""千
足虫"。

虽然被称为"千足虫"，事实上根本
没有1000条腿，脚足合计不到200对，
但已是一个不少的数目

[形态] 美洲山蛩的身体呈圆柱形，灰色，成虫体长约100毫米，宽约7毫米，全身由
多数环节组成，体节两两愈合(双体节)。触角1对，长约5毫米。身体的第1节无步
肢，第2~4节各有步肢1对，自第5节起至肛节，每节有步肢2对，各步肢6节，末
端具爪，生殖肢由第7节步肢变成，自第6背板的各体节的两侧有臭腺孔。

[习性] **活动**：白天潜伏，晚间活动；当它受到触碰时会将身体卷曲成一个圆环形，
呈"假死状态"，待天敌走后便恢复活动；而且它会释放出一种有毒液体，含有苯
醌类物质，会灼伤天敌的皮肤和眼睛，以达到自卫目的。**食物**：腐食性，取食植物
的幼根及幼嫩小苗和嫩茎、嫩叶。**栖境**：常生活在美国东南森林、草坪土表、土块
下面，或土缝内等较为湿润的环境中。**繁殖**：雌雄交配后常将卵产于草坪土表，卵
一般成堆排列，卵外有一层透明黏性物质，每头可产卵300粒左右；在适宜温度下，
卵经20天左右孵化为幼体，数月后成熟；1年繁殖1次，寿命可达1年以上。

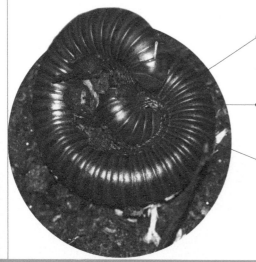

植食性，多食腐殖质，
有时也损害农作物

热带雨林中的一些大型种喷出的液体能
使人双目片刻失明

红黑相间的身体十分醒目，给人充满力
量的感觉，当受惊动时，身体常卷曲成
盘状

▶ **别名**：百足虫、马陆 | **分布**：北美洲的西部到乔治城

271

地蜈蚣

有翅膀，会飞，但很少飞

观察季节：春、夏、秋季

观察环境：树林、农业区

地蜈蚣的后翅在未折叠时特别像人的耳朵，虽然它长有翅，但并不是用来飞行的。

是独特而鲜明的昆虫，尾部有尖锐的分叉

形态 地蜈蚣的身体呈扁平长条形，较长，成虫体长12～15厘米，红棕色。身体前端的触角呈珠状，分为11～14节。腹部呈圆柱形，十分灵活，末端具一对尾铗。雄性的尾铗较大，且弯曲；雌性的尾铗是直的，约2毫米。无论雌雄均具有一对后翅。幼虫的外形与成虫相似，但后翅较小或不存在。

习性 **活动**：白天很少出来活动，晚上常会出来觅食。**食物**：杂食性，常以植物、小昆虫及一些腐烂物为食，例如蚜虫、蜘蛛、昆虫卵、腐烂的植物等。**栖境**：白天常生活在阴凉、黑暗的地方，如花朵、果实和树木的缝隙中，也经常出现在人类的家中。**繁殖**：雄性主要通过嗅觉来寻找配偶，然后用尾铗在雌性腹部下面滑动，以便它们的腹部侧表面可以相互接触，此时它们的头部会朝向相反的方向，若没有外界的打扰，交配可进行数个小时；交配高峰期在8～9月，雌性一次可产很多卵，约50个为一块，产卵后雌性进入休眠期，在穴中照看产下的卵；第二年春天时，幼虫从卵中孵化出来，约1个月后成熟，这期间均由雌性母虫照料。

经常出现在房屋的裂缝和食品储藏室中，会损坏农作物，故被视为害虫

广泛分布于我国，是衣鱼的天敌

别名：地扒子　|　**分布**：欧洲、北美洲、亚洲的西部，我国南方地区

PART 5

腹足纲

| 庭园蜗牛 ▶ | 大蜗牛科，角蜗牛属 | *Helix aspersa* O. F. Müller | Garden snail |

庭园蜗牛

观察季节：春、夏、秋季

观察环境：农业区、园林、灌木丛、人类的居住区

可食用，在英国形成饲养的产业，还可入药

庭园蜗牛原产于欧洲中西部的法国、英国等地区，常栖身于园林或灌木丛中。它与鱼翅、干贝、鲍鱼并列为世界四大名菜，是欧美地区的传统蜗牛，肉质细嫩，口感好，深受世界各地欢迎。

形态 庭园蜗牛的贝壳呈卵圆形或球形，壳高35～40毫米，宽38～45毫米，壳质稍厚，不透明；壳表皮呈淡黄褐色，并有多条深褐色色带和细小的斑点，壳上有4.5～5个螺层，体螺层特别膨大，螺旋部矮小，壳面有明显的螺纹和生长线；壳口完整，口缘锋利。

习性 **活动**：常储藏着黏液，当它移动时用强健的足紧贴着物体，身体从下向上进行移动。**食物**：草食动物，常以各种果树、蔬菜作物、园林花卉、谷类作物、腐烂植物为食。**栖境**：常生活在灌木丛、低矮草丛、农田及住宅附近阴暗潮湿的地方。**繁殖**：雌雄同体，异体交配，均产卵；交配时两只蜗牛相互配合，双方将阴茎反复刺激对方的生殖孔，经过激烈的刺插运动，双方阴茎便都插入对方的阴道中射精；受孕两个星期后，双方均可产卵，一次产卵约80个；卵为圆形，珍珠白色，大小约4毫米；一年产卵6次，常产在土壤或石头缝隙中，大约8天后可孵化出小蜗牛；幼年蜗牛需1～2年才可完全成熟。

通常在雨后或黄昏时出现，天气炎热时通常会隐藏起来

通常栖身于园林或灌木丛中，故被称为"庭园蜗牛"，又叫散大蜗牛，是陆地软体动物中最广为人知的一种，常出现在浸泡雨水的郊外草地上和花丛中

▶ **别名**：散大蜗牛 | **分布**：全球的温带气候地区

| 罗马蜗牛 ▶ | 大蜗牛科，大蜗牛属 | *Helix pomatia* L. | Roman snail |

罗马蜗牛

观察季节：春、夏、秋季

观察环境：森林、公园、葡萄园、沿岸地区

可食用，经常被养殖，被煮食时会被称为"法国蜗牛"

罗马蜗牛原产于欧洲的东南部及中部地区，通常栖身在森林和葡萄园中。

形态 罗马蜗牛的贝壳呈卵圆形或球形，壳高30～45毫米，宽30～50毫米；壳质稍厚，不透明；壳表皮呈奶油白色至浅褐色，并有多条并不十分明显的褐色条纹；壳上有5～6个螺层，体螺层特别膨大，螺旋部矮小；壳面有明显的螺纹和生长线；螺孔较大，边缘为白色，壳口完整，口缘锋利。

习性 **活动：**常储藏着黏液，当它移动时常用强健的足紧贴着物体，身体从下向上进行移动。**食物：**草食动物，常以各种果树、蔬菜作物、园林花卉、谷类作物、腐烂的植物为食。**栖境：**常生活于灌木丛、低矮草丛、农田及住宅附近阴暗潮湿地区。**繁殖：**常在5月末进入繁殖期，它雌雄同体、异体交配，雌雄均产卵；交配时两只蜗牛相互配合，双方将阴茎反复刺激对方的生殖孔，经过激烈的刺插运动，双方阴茎便都插入对方的阴道中射精；受孕两个星期后，双方均可产卵，一次产卵40～65个，卵为圆形，呈珍珠白色，大小为5.5～6.5毫米；常将卵产在疏松的土壤或石头缝隙中以越冬；3～4个星期后，卵可孵化出小蜗牛，在环境不佳时，它们常互相取食；幼年蜗牛需2～5年才可完全成熟。

每年会繁殖2～6次，产8～30只幼蜗牛

大型的陆生蜗牛，夏眠或冬眠时，会制造一种石灰质的冬盖来盖好壳子

| ▶ | 别名：不详 | 分布：欧洲的东南部及中部 |

| 太平洋香蕉蛞蝓 ▶ | 欧洲蛞蝓科，香蕉蛞蝓属 | *Ariolimax columbianus* M. | Banana slug |

太平洋香蕉蛞蝓

观察季节：春、夏、秋季
观察环境：森林、花园、果园

太平洋香蕉蛞蝓分布于北美洲太平洋海岸的雨林带，是世界上第二大的陆生蛞蝓，也是一种能呼吸空气的陆生蛞蝓。因为身体黄色、表面粗糙并且外套膜呈乳白色，看上很像香蕉。

形态 太平洋香蕉蛞蝓身体长16～25厘米，一般呈鲜黄色，有时也有绿色、褐色或白色，有些个体身上带有黑点，颜色变化很大。身体前端有两对触角，一对较大，一对较小。只有一个肺，经呼吸孔向外展开。

习性 活动：有两对触角来感知环境的变化，较大的上触角可以侦测光或运动，第二对触角可侦测化学物质，并且可以通过收缩及伸展来避免伤害。**食物**：腐生生物，以新鲜和腐烂的植物为食，比如蘑菇、树根、果实、种子、球茎、地衣、藻类、真菌、动物排泄物甚至尸体等。**栖境**：常生活在北美洲太平洋海岸的雨林带，由阿拉斯加东南部至加利福尼亚州中部的旧金山湾区南部。**繁殖**：利用信息素来吸引异性交配，它雌雄同体，每个个体都有雄性和雌性两套生殖器官；全年均可交配及产卵，交配可以进行超过12小时，交配条件很苛刻且很残忍，首先会挑选生殖器官大小相当的伴侣，在交配时会咬嚼对方的生殖器官，然后互相交换精子繁殖；每次产卵75颗，常将卵产在树木或叶子上，产卵时找一个存放卵子的合适地方，产卵后就不再理会，由其自行孵化。

会分泌一层厚厚的保护黏膜，来阻隔它们与土壤及树叶的直接接触

一般呈鲜黄色，故以香蕉为名，但体色变化较大，除黄色外也有绿色、褐色或白色，有些甚至有黑点

温带雨林区的特有动物

别名：不详 | **分布**：北美洲太平洋海岸、华盛顿州和俄勒冈州

福寿螺

观察季节：春、夏、秋季，3～11月较常见
观察环境：池边浅水区、水生植物茎叶上

福寿螺原产于南美洲亚马孙河流域，它作为食用螺引入中国。它的食量大，咬食水稻等农作物，可造成严重减产，是名副其实的水稻杀手；另外它的螺壳锋利，容易划伤农民的手脚，大量粪便还会污染水体，严重破坏了我国的正常生态系统。它最容易辨认的特征是雌螺可以在水线以上的固体物表面产下"粉红色的卵块"。

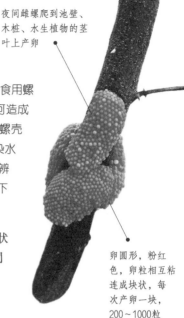

夜间雌螺爬到池壁、木桩、水生植物的茎叶上产卵

卵圆形，粉红色，卵粒相互粘连成块状，每次产卵一块，200～1000粒

形态 福寿螺贝壳外观与田螺相似，具一螺旋状的螺壳，壳高约7厘米，颜色随环境及螺龄不同而异，有光泽和若干条细纵纹。头部有2对触角，前触角短，后触角长，后触角的基部外侧各有一只眼睛。螺体左边具1条粗大的肺吸管。

习性 **活动**：活动能力和繁殖能力极强，既可以在近水附近的陆地活动、取食，也可以在淡水中活动。**食物**：食性广，为杂食性螺类，常以浮萍、蔬菜、瓜果等为食，尤喜食带甜味的食物和水中动物腐肉；当没有更多食物时，会以漂在水面的微小物质为食。**栖境**：常生活在水质清新、饵料充足的淡水中，多集群栖息于池边浅水区，或吸附在水生植物茎叶上，或浮于水面，也能离开水体短暂生活，最适宜生长水温为25～32℃。**繁殖**：为雌雄异体、体内受精、体外发育的卵生动物，每年3～11月为繁殖季节，5～8月是繁殖盛期；交配通常在水中白天进行，时间长达3～5小时，一次受精可多次产卵，交配后3～5天开始产卵；一年可产卵20～40次，产卵量3万～5万粒；受精卵在空气中孵化需10～15天，发育成仔螺后破膜而出，掉入水中。

中文名称索引

英文名称索引

拉丁名称索引

参考文献

［1］王心丽,詹庆斌,王爱芹.中国动物志–昆虫纲–第六十八卷–脉翅目–蚁蛉总科.北京：科学出版社，2018.

［2］杨茂发,孟泽洪,李子忠.中国动物志–昆虫纲–第六十七卷–半翅目–叶蝉科（二）大叶蝉亚科.北京：科学出版社，2017.

［3］任国栋等.中国动物志–昆虫纲–鞘翅目–拟步甲科（一）.北京：科学出版社，2016.

［4］袁锋,袁向群,薛国喜.中国动物志–昆虫纲–鳞翅目–弄蝶科.北京：科学出版社，2015.

［5］何俊华,许再福.中国动物志–昆虫纲–膜翅目–细蜂总科（一）.北京：科学出版社，2015.

［6］吴厚永等.中国动物志–昆虫纲–蚤目.北京：科学出版社，2007.

［7］乔格侠.中国动物志–昆虫纲–第六十卷–半翅目–扁蚜科和平翅蚜科.北京：科学出版社，2017.

［8］彩万志,李虎.中国昆虫图鉴.太原：山西科学技术出版社，2015.

［9］杨星科,葛斯琴,王书永,李文柱,崔俊芝.中国动物志–昆虫纲–第六十一卷–鞘翅目–叶甲科–叶甲亚科.北京：科学出版社，2014.

［10］许荣满,孙毅.中国动物志–昆虫纲–第五十九卷–双翅目–虻科.北京：科学出版社，2013.

［11］让·亨利·法布尔.昆虫记.戚译引译.天津：天津人民出版社，2016.

［12］杨星科.秦岭昆虫志.北京：世界图书出版公司，2018.

［13］麦加文,王琛柱.昆虫:全世界550多种昆虫、蜘蛛和陆生节肢动物的彩色图鉴.北京：中国友谊出版公司，2005.

［14］蔡邦华,蔡晓明,黄复生.昆虫分类学（修订版）.北京：化学工业出版社，2017.

图片提供:

www.dreamstime.com